XIAOFANGYUAN
DUBEN

消防员
读本
第二版

 化学工业出版社

· 北 京 ·

本书简要介绍了机关、团体、企业、事业单位消防安全管理的基本内容、燃烧与火灾的基本知识，重点阐述了常用消防设施、灭火器材与消防技术装备的使用与维护，以及灭火技术与战术、消防应急救援技术和典型火灾扑救等方面的专门知识。本书图文并茂、文字简练，通俗易懂，适合企事业单位专（兼）职消防员学习、培训使用。

图书在版编目（CIP）数据

消防员读本/舒中俊，张兴辉主编．—2版．—北京：
化学工业出版社，2014.3
　ISBN 978-7-122-19312-4

　Ⅰ．消…　Ⅱ．①舒…②张…　Ⅲ．①消防-基本知识
Ⅳ．①TU998.1

中国版本图书馆 CIP 数据核字（2013）第 304165 号

责任编辑：杜进祥　高　震　　　　装帧设计：杨　北
责任校对：宋　夏

出版发行：化学工业出版社
　　　　　（北京市东城区青年湖南街 13 号　邮政编码 100011）
印　　装：北京科印技术咨询服务公司顺义区数码印刷分部
850mm×1168mm　1/32　印张 9¾　字数 258 千字
2014 年 4 月北京第 2 版第 1 次印刷

购书咨询：010-64518888　　售后服务：010-64518899
网　　址：http://www.cip.com.cn
凡购买本书，如有缺损质量问题，本社销售中心负责调换。

定　　价：28.00 元　　　　　　　　　　　　版权所有　违者必究

本书编写人员

主　编　舒中俊　　　张兴辉

撰稿人（按姓氏笔画顺序）：

　　　　张存位　　　张　芳　　　张兴辉　　　陈智慧

　　　　陈先斌　　　饶　俊　　　舒中俊

前言

（第2版）

本书自 2009 年出版以来，对社会消防教育培训，特别是企事业单位专（兼）职消防人员的教育培训工作起到了积极的促进作用，得到了公安消防机构、社会培训机构和企事业单位的好评和热忱欢迎。随着消防技术的发展，以及相关法律法规、技术标准的更新，《消防员读本》（第 1 版）中的部分内容已不再适用或满足目前企事业单位消防专（兼）职人员的教育培训的需要，亟须修订。为此，在化学工业出版社的支持下，我们组织原书主要编撰者，在收集整理读者意见和建议的基础上，对《消防员读本》（第 1 版）进行了再版修订。

本书以现行消防法律法规、技术标准为依据，从企事业单位消防工作的实际出发，结合消防技术、灭火救援理论与技术的新进展，重点阐述了企事业单位消防安全管理的内容和职责；有关燃烧、火灾、防火和灭火的消防基本知识和基本理论；常用灭火剂、灭火器和固定灭火设施的原理、使用方法和维护保养的基本内容；企业消防队员常用消防技术装备的功能、使用方法和维护保养；企业消防队员应该熟悉的灭火技术与战术；专（兼）职消防员应该了解和掌握的消防救援与急救的主要技术和方法；专（兼）职消防员可能遇到的各种典型火灾的成因与扑救方法。再版内容在保持原书基本框架的基础上进行了较大幅度的更新，力求反映本书的适用性和针对性，以期更好满足社会单位专（兼）职消防人员学习与培训要求。

本书再版由中国人民武装警察部队学院消防工程系舒中俊教授

和福建省公安消防总队总队长张兴辉高级工程师任主编，参加编写的人员有张存位、张芳、陈智慧、陈先斌和饶俊。应该指出的是，由于类型不同的企事业单位，其消防保卫任务不尽相同，各有侧重，本书尽管力求内容全面，但限于篇幅，不可能面面俱到，不足之处，敬请读者批评指正。

编者

2013 年 12 月

前言

（第1版）

随着我国经济的快速发展，人民生活水平的不断提高，人们对消防安全的重视程度也在不断加强。作为公安消防力量的重要补充，全国各地机关、团体、企业、事业单位的专（兼）职消防力量正在不断壮大。因此，加强对专（兼）职消防员的业务培训，不断提高他们的业务素质和能力，对充分发挥专（兼）职消防力量的作用具有重要意义。对专（兼）职消防员的业务培训，首先必须选好针对性强的培训教材或读本。但是，目前国内公开出版发行的此类教材或读本很少，已有的要么内容庞杂，要么内容局限性大，适用性较弱。因此，迫切需要编写一本内容新、针对性强、适用面宽的可供机关、团体、企业、事业单位专（兼）职消防员学习训练使用的读本。

在化学工业出版社的支持下，我们组织在公安消防部队、消防院校和大型企业消防队长期从事防火、灭火，社会救援指挥、训练和教学方面的专业人士，紧密结合机关、团体、企业、事业单位专（兼）职消防员的工作实际，本着行文简练、图文并茂、通俗易懂、针对性强、适用面宽的原则，精选内容编写了此书。

本书共分七章，第一章简要介绍了企事业单位消防安全管理的内容和职责。第二章扼要介绍了作为企事业单位专（兼）职消防员必须掌握的有关燃烧、火灾、防火和灭火的基本知识和基本理论。第三章介绍了常用灭火剂、灭火器和固定灭火设施的原理、使用方法和维护保养的基本内容。第四章介绍了企业消防队常用消防技术装备的功能、使用方法和维护保养。第五章介绍了企业消防队员应该熟悉的灭火技术与战术。第六章介绍了企事业单位专（兼）职消防员应该了解和掌握的消防救援和急救的主要技术和方法。第七章简要介绍了企事业单位专（兼）职消防员可能遇到的各种典型火灾的成因与扑救方法。

本书由湖北省消防总队武汉支队支队长张兴辉高级工程师和中国人民武装警察部队学院消防工程系舒中俊教授任主编，湖北省消防总队襄樊支队支队长朱惠军和武汉钢铁工业总公司保卫部部长李勇任副主编，参加编写的人员还有陈智慧、王洪波、廖晓东、吴达妍、饶俊、张存位、陈先斌。应该指出的是，类型不同的企事业单位，其消防保卫任务不尽相同，各有侧重。本书尽管力求内容全面，但由于篇幅的限制，不可能面面俱到，不足之处在所难免，敬请读者批评指正。

编者
2008 年 12 月

目 录

第一章

企事业单位消防安全管理

第一节　消防法律与法规概述

　　消防法律法规是消防行政法规、消防行政管理法规、消防技术规范、消防技术标准以及与消防有关的法律、条令、条例等的总称。消防法律法规包括国家和地区制定的法律条文以及企业、事业单位的有关消防规定。

　　按照国家法律体系及消防法规服务对象，我国消防法规大体可分为三类：一是基本消防法规，如《消防法》；二是消防行政法规，由国务院及有关部委制定，如《消防监督检查规定》等；三是消防技术法规，如《建筑设计防火规范》等各类消防工程技术、消防产品等100多部消防技术规范。

　　2008年10月28日修订通过的《消防法》是我国消防工作的根本大法，是全社会在消防安全方面必须共同遵守的行为规范，是制定消防行政法规、规章的重要依据。它在指导各级人民政府开展社会化消防工作，促进和保障消防工作的法制化，保护人身和财产的安全，保证消防工作为我国经济建设服务等方面，起着全局性和基础性的重要作用。

第二节　消防工作的方针、原则和任务

一、消防工作的方针

　　我国消防工作的方针为"预防为主，防消结合"。"预防为主"是指在消防工作中要把预防火灾的发生摆在第一位，积极落实各项

安全防火措施，力求防止火灾的发生；"防消结合"则指在预防火灾发生的同时，要及时做好各项灭火准备工作，一旦发生火灾能够及时有效扑灭火灾，最大限度地减少火灾损失。实践证明，积极预防和成功扑救，是同火灾作斗争的两个基本手段，二者相互补充，不可分割。"预防为主，防消结合"充分体现了"防"与"消"的辩证关系，反映了同火灾做斗争的客观规律。

二、消防工作的原则

消防工作坚持专门机关与群众相结合的原则，实行防火安全责任制，具体体现在以下两个方面。

（1）火灾预防　社会各单位和广大公民应当自觉遵守消防法规和消防安全规章制度，及时消除火灾隐患，在生产、生活和工作中具有消防安全意识，懂得消防安全知识，掌握自防自救的基本技能，积极纠正和制止违反消防法规的行为。公安消防机构要依法进行监督管理，依法履行消防监督检查、建筑工程消防审核监督等各项法定职责，依法纠正和处罚违反消防法规的行为。

（2）灭火救援　任何人发现火灾都要立即报警，发生火灾的单位要及时组织力量扑救火灾，任何单位和个人都应当服从火场总指挥的决定，积极参加和支援火灾扑救。火灾扑灭后，有关单位和人员还应当如实提供相关情况，协助公安消防机构调查火灾事故。

三、消防工作的任务

现阶段，我国消防工作的总任务是：坚持党的基本路线，贯彻执行《消防法》，实行"预防为主，防消结合"的方针，坚持专门机关与群众相结合的原则，建立健全消防法规，强化全民消防意识，加强消防队伍和业务建设，严格消防监督管理，动员社会各方面力量，采取各种有效措施，预防火灾的发生，减少火灾的危害，维护公共安全，保障社会主义现代化建设的顺利进行。

 **第三节 机关、团体、企事业单位消防职责**

机关、团体、企事业单位应当遵守消防法律、法规、规章（以下统称消防法规），贯彻"预防为主，防消结合"的消防工作方针，履行消防安全职责，保障消防安全。法人单位的法定代表人或者非法人单位的主要负责人是单位的消防安全责任人，对本单位的消防安全工作全面负责。

一、单位的消防职责

《消防法》第十六条规定，机关、团体、企业、事业单位应当履行下列消防安全职责：

① 落实消防安全责任制，制定本单位的消防安全制度、消防安全操作规程，制定灭火和应急疏散预案；

② 按照国家标准、行业标准配置消防设施、器材，设置消防安全标志，并定期组织检验、维修，确保完好有效；

③ 对建筑消防设施每年至少进行一次全面检测，确保完好有效，检测记录应当完整准确，存档备查；

④ 保障疏散通道、安全出口、消防车通道畅通，保证防火防烟分区、防火间距符合消防技术标准；

⑤ 组织防火检查，及时消除火灾隐患；

⑥ 组织进行有针对性的消防演练；

⑦ 法律、法规规定的其他消防安全职责。

此外，《消防法》第十七条还对消防安全重点单位提出了如下附加职责：

① 确定消防安全管理人，组织实施本单位的消防安全管理工作；

② 建立消防档案，确定消防安全重点部位，设置防火标志，实行严格管理；

③ 实行每日防火巡查，并建立巡查记录；

④ 对职工进行岗前消防安全培训，定期组织消防安全培训和消防演练。

二、单位消防安全责任人的职责

根据《机关、团体、企业、事业单位消防安全管理规定》第二章第六条，单位的消防安全责任人应当履行下列消防安全职责：

① 贯彻执行消防法规，保障单位消防安全符合规定，掌握单位的消防安全情况；

② 将消防工作与本单位的生产、科研、经营、管理等活动统筹安排，批准实施年度消防工作计划；

③ 为本单位的消防安全提供必要的经费和组织保障；

④ 确定逐级消防安全责任，批准实施消防安全制度和保障消防安全的操作规程；

⑤ 组织防火检查，督促落实火灾隐患整改，及时处理涉及消防安全的重大问题；

⑥ 根据消防法规的规定建立专职消防队、义务消防队；

⑦ 组织制定符合本单位实际的灭火和应急疏散预案，并实施演练。

根据《机关、团体、企业、事业单位消防安全管理规定》第二章第七条，单位可以根据需要确定本单位的消防安全管理人。消防安全管理人对本单位的消防安全责任人负责，实施和组织下列消防安全管理工作：

① 拟订年度消防工作计划，组织实施日常消防安全管理工作；

② 组织制定消防安全制度和保障消防安全的操作规程并检查督促其落实；

③ 拟订消防安全工作的资金投入和组织保障方案；

④ 组织实施防火检查和火灾隐患整改工作；

⑤ 组织实施对本单位消防设施、灭火器材和消防安全标志维护保养，确保其完好有效，确保疏散通道和安全出口通畅；

⑥ 组织管理专职消防队和义务消防队；

⑦ 组织开展对员工进行消防知识、技能的宣传教育和培训，组织灭火和应急疏散预案的实施和演练；

⑧ 单位消防安全责任人委托的其他消防安全管理工作。

消防安全管理人应当定期向消防安全责任人报告消防安全情况，及时报告涉及消防安全的重大问题。安全管理工作由单位消防安全责任人负责实施。

第四节 企事业单位专职消防队职责

企事业单位专职消防队是我国最早的非兵役制消防队伍，它由企业、事业单位投资建立，主要担负本单位的消防保卫任务。企事业单位消防队成员主要为企业职工，有时还包括一些合同制消防员。企事业单位消防队既是保障企业消防安全的专业队伍和骨干力量，又是公安消防队的主要协同力量和不可缺少的得力助手。

一、设立原则

1. 建队条件

企事业单位专职消防队的组建应符合《消防法》的有关规定。以下单位应当建立专职消防队：

① 核电厂、大型发电厂、民用机场、大型港口；

② 生产、贮存易燃易爆危险物品的大型企业；

③ 贮备可燃重要物资的大型仓库、基地；

④ 其他火灾危险性较大、距离当地公安消防队较远的大型企业；

⑤ 距离当地公安消防队较远，列为全国重点文物保护单位的古建筑群的管理单位。

2. 建队要求

企事业单位专职消防队的建立应当以企业事业单位的实际需要

为原则，企业单位专职消防队的建立或撤销，须经当地公安消防监督部门会同企业单位主管部门商定；事业单位设置专职消防队和人员编制，要报编制部门批准。单位领导决定消防队干部的任免、调动时，应当征求当地公安消防监督部门的意见。企事业单位专职消防队在业务上受当地消防监督机关的指导。除做好本单位的防火、灭火工作外；需要时，协同公安消防部队扑救外单位火灾。

3. 人员组成

专职消防队的队员，应当优先在本单位职工中选调。专职消防队的执勤人员，由执勤队长、战斗（班）员、驾驶员和电话员组成。执勤队长由队长、指导员轮流担任。每辆水罐消防车或泡沫消防车，执勤战斗员不少于五名；每辆轻便消防车，执勤战斗员不少于三名；特种消防车（艇）的执勤战斗员根据需要配备。

二、工作职责

企事业单位专职消防队主要有以下工作职责：

① 贯彻执行《消防法》及有关消防法规，定期深入责任区进行防火检查，督促消除火灾隐患，并建立防火档案；

② 在本单位开展消防宣传活动，普及消防常识，推动消防安全制度的贯彻落实，并负责训练义务消防队；

③ 负责消防器材、设备的管理、维修、保养；

④ 定期向主管领导和公安消防监督部门汇报消防工作；

⑤ 随时做好灭火战斗准备，组织群众扑救火灾，及时抢救人员和物资，保护火灾现场，并向公安消防监督部门报告；

⑥ 接受消防监督部门的外出灭火调令指挥。

企事业单位专职消防队在加强执勤战备工作中应做好以下几点：

① 熟悉本单位的平面布置、贮存物资、生产设备和工艺流程及其火灾危险性、建筑结构和交通道路、水源设施；

② 制定重点部位的灭火作战计划，组织实施演练，充分做好灭火准备；

③ 认真贯彻执行内务、纪律、执勤、灭火战斗条令规定；有组织、有计划地开展消防业务学习，进行灭火技术、战术训练和体育锻炼；

④ 管理和保养好消防车辆和器材，保持清洁，完整好用；

⑤ 发现火警或接到报警，迅速出动，积极扑救，并向主管部门和公安消防监督机关报告；

⑥ 根据公安消防监督机关的命令或应求参加其他单位的火灾扑救。

三、组织管理

企事业专职消防队的组织管理主要包括如下内容。

① 专职消防队主要由消防安保人员组成，义务消防队员由管理人员及员工组成，统一由消防归口管理职能部门负责管理。

② 消防归口管理职能部门对专职消防队员每月进行一次培训，对义务消防队员每季度进行一次培训。培训主要内容包括：防火、灭火常识，消防器材的性能及适用范围；消防设施、器材的操作及使用方法；火灾扑救、组织人员疏散及逃生方法；火灾现场的保护。

③ 消防归口管理职能部门每半年组织专职和义务消防队员进行一次灭火疏散演练。

④ 专职和义务消防队员要服从消防归口管理职能部门的统一调度、指挥，根据分工各司其职、各负其责。

⑤ 根据人员变化情况对专职和义务消防队员及时进行调整、补充。

 **第五节 企事业单位消防员的条件、职责及工作方法**

一、单位消防员的条件

（1）政治方面　坚持四项基本原则，拥护改革开放；政治思想坚定，能认真贯彻执行党和国家制定颁发的消防工作路线、方针、政策和消防法规。

（2）业务方面 掌握一定的消防知识和消防技术；热爱消防工作；并具有实施计划、组织、指导和协调方面的知识和能力，有宣传教育、组织群众的工作能力。具有大专或高中以上文化水平。

（3）身体方面 年富力强，精力充沛，具有能担负企事业单位繁重的消防工作活动的健康身体。

（4）作风方面 作风正派，责任心强，吃苦耐劳；实事求是，调查研究；坚持原则，敢于并善于同各种错误倾向作斗争；能认真执行上级关于消防工作的决定和要求。

企事业单位专、兼职消防人员只有具备上述条件，才能完成企事业单位消防工作的组织和管理事务，在具体的岗位上贯彻党和国家的路线、方针、政策，执行上级的命令、决议和指示，参与决定企事业单位消防工作的目标、任务和规划，及时解决工作中的实际问题，保证消防工作顺利开展。

二、单位消防员的素质

作为单位专、兼职消防人员要具备消防监督员的思想水平、知识水平、业务水平、身体素质。

此外，还必须掌握本单位、本地区的火灾规律、特点和发展趋势，努力做到"六熟悉"，即：熟悉本单位、本地区的平面布局、建筑特点、消防通道和消防水源情况；熟悉本单位的生产工艺流程和原材料生产、贮存、运输的危险性质和防火措施；熟悉本单位的重点部位或本地区的重点单位，以及存在的重大火险隐患和控制办法；熟悉各项消防规章制度及其贯彻落实情况；熟悉义务消防队组建情况及防火、灭火能力；熟悉消防设施和器材、装备状况。

三、单位消防员的职责

单位专、兼职消防人员应履行如下职责：
① 贯彻执行国家《消防法》及其实施细则和有关消防法规。

② 推动本单位研究制定消防安全制度、推行逐级防火责任制和岗位防火责任制，并督促落实。

③ 对职工群众进行防火宣传教育，提高遵守消防法规和搞好安全防火的自觉性。

④ 开展防火检查，督促消除火险隐患，改善消防安全条件，完善消防设施。

⑤ 协助主管部门对电工、焊接工、油漆工和从事与危险化学物品相关工作等有关人员进行消防知识的专业培训和考核工作。

⑥ 组织义务消防队学习和训练，制订灭火作战计划。

⑦ 负责消防器材、设备的管理、维修、保养。

⑧ 组织群众扑救火灾，保护火灾现场，追查火灾事故，参与调查火灾原因。

⑨ 制止各种违反消防法规的行为，并根据情节提出处理意见。

⑩ 对在消防工作中做出成绩的单位、集体和个人，向行政领导提出表扬奖励的建议。

四、单位消防员的工作方法

单位消防工作任务重、难度大、涉及面广。专、兼职消防员应结合本单位的实际，掌握正确的工作方法，不断提高工作效率。一般而言，消防员开展工作时应注意以下原则：

（1）从群众利益出发，实事求是　深入现场，深入群众，与广大职工群众保持密切联系。注重调查研究，实事求是，做到了解问题灵敏、认识问题准确、处理问题正确。

（2）善于学习，认清规律　根据所在单位消防工作任务的需要，在实践中研究、学习消防知识，积累资料，逐步应用现代的管理方法，取得高效益。

（3）管理民主化　在工作中，遇事要同职工商量，集思广益。尤其对问题看法有分歧时，既要虚心听取他人意见，又要做耐心细致的工作，说明情况、讲清道理、以理服人，不能独断专行。要在充分听取各方面意见的基础上，进行集中。

（4）取得主管领导的支持 专、兼职消防人员，在工作中，要做到勤请示、勤汇报，与主管领导取得一致，争取领导的支持。尤其对重大问题不能自作主张，要经请示领导批准后，再组织实施。

第六节　企事业单位消防安全检查与火灾应急处置

一、消防安全管理制度建设

消防安全管理制度的组成主要包括消防安全管理工作制度、消防安全宣传、教育制度、消防安全检查制度、用火用电管理制度、消防设施及器材管理制度等。

由于企事业单位的规模、生产、贮存物资的性质不同，制度的内容也不尽相同，但企事业单位共同的、必需的、基本的消防安全管理制度有如下几种。

1. 消防安全管理工作制度

① 每季度厂部、每月车间、每周班（组）要开展一次消防安全活动。

② 厂部每年召开一次消防安全表彰大会，总结经验，表彰先进，推动工作。

③ 义务消防队每月进行一次业务学习，每季度各小组进行一次业务考核，厂部年终组织一次义务消防技能比赛。

④ 企事业单位必须建立各类消防安全工作记录簿，主要有消防安全会议记录簿；用火记录簿；消防安全检查、整改记录簿；企业专职消防队、义务消防队学习训练情况记录簿；消防安全奖惩登记簿；消防器材登记簿；巡逻值班登记簿。

⑤ 企事业单位各级人员要坚持交接班制度，下班人员要向接班人员交代当班情况。

⑥ 企事业单位新建、改建、扩建的建筑工程项目，必须报当

11

地公安消防部门备案后，才能动工兴建。

2. 消防安全宣传教育制度

（1）三级消防安全教育　即厂级消防安全教育、车间消防安全教育和班（组）岗位消防安全教育。

（2）入厂消防安全教育　临时工、合同工、外包工和入厂（库）参观或办事的人员，在进厂前必须接受入厂消防安全教育。

（3）经常性的消防安全教育　企事业单位要在不同的部位悬挂消防安全标志，利用各种会议、广播、标语、简报、电影、幻灯、办培训班、消防安全展览等各种形式，开展经常性的消防安全教育，以提高干部职工的安全思想和预防事故的能力。

（4）特殊工种消防安全教育　对从事有火灾危险的特殊工种的人员，如电工、电氧焊工、油漆工，处理易燃易爆化学物品的操作工、搬运工、仓库保管员等作业工人，定期进行消防安全知识学习和培训，系统地进行消防安全教育。

3. 消防安全检查制度

企事业消防安全管理包括：

① 经常性的消防安全检查；

② 定期性消防安全检查；

③ 专业性的消防安全检查。

4. 用火用电管理制度

（1）用火管理

① 用火管理的基本原则：宣传教育与制度管理相结合的原则；维持正常的生产生活用火并确保消防安全为前提的原则；具有火灾条件或经采取措施保证无火灾危险方可用火的原则；在工艺及条件允许的情况下坚持非明火作业或固定用火作业方式优先的原则。

② 划分用火区域。根据单位的生产、经营和管理性质，明确划分禁火区和非禁火区。

③ 常用火源的管理。包括吸烟管理、焊割的管理和取暖火炉的管理。

④ 禁火区临时动火管理。包括动火申请、审批、动火前的准备、动火时的防灭火保护。

（2）用电管理

① 电气线路设计符合规范。

② 电气设备的安装符合规定要求。

③ 电气设备按规定使用、维护和保养。

④ 用电管理措施明确具体。

5. 消防设施及器材管理制度

① 消防控制室的值班管理。

② 消防联动设备的操作与检查管理规定。

③ 灭火器的使用、维护与报废管理规定。

④ 消火栓、水泵接合器和消防水源的维护管理规定。

二、消防安全检查的组织程序

1. 消防安全检查的组织形式

消防安全检查是一项长期的、经常性的工作，在组织形式上应采取经常性检查和季节性检查相结合、专门机关检查和群众性检查相结合、重点检查和普遍检查相结合的方法。

2. 消防安全检查的程序要求

企事业单位消防安全检查程序包括：

① 拟定计划（组建检查小组）；

② 确定检查内容（如果为上级还应确定被检查的单位）；

③ 采用的方法：看、听、访（向群众了解）、议（分析综合）、决（最后的决断，提出整改意见）；

④ 总结汇报（写出书面材料）。

三、消防安全检查的主要内容

企事业单位消防检查的主要内容有：

① 易燃、易爆、有毒、腐蚀等危险化学品类的安全管理，包括生产、使用、贮存、运输，以及与其相关的设备和包装；

② 用火用电及火源的管理情况。常见火源有明火、电气、静电、雷电、化学反应热（自身发热）、烟蒂等。用火用电管理包括设备是否与场所相适应，安装是否规范，防漏电、防静电措施是否可靠等；

③ 建筑的平面布局，耐火等级和水源道路情况；

④ 火灾隐患的整改情况；

⑤ 消防知识和防火教育制度的建立和实施情况；

⑥ 消防设施、设备、器材的配备及完整情况；

⑦ 职工的安全意识情况（重视与否）；

⑧ 消防安全疏散情况。

四、消防安全检查的主要方法

（1）基层单位的自查　基层单位的自查主要包括一般检查、夜间检查和定期检查三种形式。

（2）单位主管部门的检查　单位主管部门的检查通常有互查、抽查和重点查三种方式。

五、职工的消防安全教育

《机关、团体、企事业单位消防安全管理规定》第三十六条中明确规定：单位应当通过多种形式开展经常性的消防安全宣传教育。消防安全重点单位对每名员工应当至少每年进行一次消防安全培训。

1. 消防安全教育的意义

企事业单位开展消防安全教育，对于提高职工的消防安全素质，减少和降低重大人员伤亡和财产损失事故发生，具有重要的意义，主要体现在如下三个方面：

（1）是贯彻消防工作"专门机关与群众相结合"原则的一项重要措施；

（2）是普及消防知识的重要途径；

（3）可促进全社会的精神文明和社会的稳定。

2. 消防安全教育的主要内容

企事业单位开展消防安全教育主要应包括以下内容。

（1）消防工作的方针和政策教育 消防安全工作是随着社会经济建设和现代化程度的发展而发展的。"预防为主，防消结合"的消防工作方针以及各项消防安全工作的具体政策，是保障社会生产和公民生命财产安全的重要措施。所以，进行消防安全教育，首先应当进行消防工作的方针和政策教育，这是调动职工群众积极性，做好消防安全工作的前提。

（2）消防安全法规教育 消防安全法规是人人应该遵守的准则。通过消防安全法规教育，使广大职工群众懂得哪些应该做，应该怎样做；哪些不能做，为什么不能做，做了又有什么危害和后果等，从而使各项消防法规得到正确地贯彻执行。

（3）消防科普知识教育 消防科普知识，是普通公民都应掌握的消防基本知识，其主要内容包括：燃烧的本质、要素、条件及其产物和防火、灭火的基本方法等常识；危险物品的特性及生产、贮存、运输、销售和使用的防火常识；生产工艺、电气、建筑的防火技术常识；以及失火如何报警、如何扑救初起火灾，如何使用常见的应急灭火器材和如何逃生、自救等消防知识。

（4）火灾案例教育 人们对火灾危害的认识往往是从火灾事故的教训中得到的，而要提高人们的消防安全意识和防火警惕性，火灾案例教育则是一种最具说服力的方法。通过对火灾案例的宣传教育，可从火灾案例中提高人们对防火工作的认识，从中吸取教训，总结经验，采取措施，做好工作。

（5）消防安全技能教育 消防安全技能教育主要是对作业人员而言的。在一个企业，要达到生产、经营作业的消防安全，作业人员不仅要懂得消防安全基础知识，而且还应掌握防火、灭火的基本技能。只有作业人员在实践中灵活地运用所掌握的消防安全知识，并且具有熟练的消防安全操作技能，才能达到消防安全的目的。

3. 消防安全教育的要求

要达到安全教育的目的，必须按照以下要求，认真落实。

（1）充分重视，认真实施　单位的各级领导要给予消防安全教育足够的重视，将消防安全教育培训工作列入日程，作为企业绩效评定的一个重要方面来抓。单位应当建立三级消防安全教育体系，按照单位、部门、科室（车间）三级开展消防安全教育，各级设定消防安全责任人，负责本级消防安全教育工作的落实。

（2）内容充实，有针对性　开展消防安全教育一定要紧跟形势，消防工作不同时期会有不同的要求和重点；同时，不同季节、不同生产行业、不同工种的人员也都有不同的特点。如冬季和夏季不同，城市和农村不同，化工企业和轻纺企业不同，电焊工和保管员不同。在不同的季节消防安全教育的内容也是有区别的。所以，在进行消防安全教育时，都要注意区别这些不同特点，抓住其中的主要矛盾，有针对性、有重点地进行。

（3）严格落实，不走过场　单位应当全员进行消防安全培训，消防安全重点单位的职工对每名职工应当至少每年进行一次消防安全培训教育，其中公众聚集场所对员工的消防安全培训应当至少每半年进行一次。新上岗和进入新岗位的员工上岗前应再进行消防安全培训。

六、火灾隐患的整改

1. 火灾隐患的概念

火灾隐患是指违反消防法律、法规，有可能造成火灾危害后果的行为或状态。含意包括以下三个方面。

① 增加发生火灾的危险性。如违反规定贮存、使用、运输的危险化学物品。

② 一旦发现火灾，会增加对人身和财产的危害。如建筑的分隔、建筑结构的防火性能、防排烟设施等的随意改变，违反规定装修，以及疏散通道、消防设施的设计、使用和维护不合规定等。

③ 一旦导致火灾，无法及时扑救，如水源、道路、建筑物高度等方面的问题。

2. 火灾隐患的整改原则

安全与经济的统一、安全与生产的统一、时间与实力的统一、形式与效果的统一，并坚持隐患查不清不放过、整改措施不落实不放过、不彻底整改不放过的原则。

3. 火灾隐患的整改方法

根据难易程度火灾隐患的整改方法可分为：现场整改和限期整改两种。

（1）现场整改　凡是整改起来比较简单，不需要费较多时间、人力、物力、财力，对生产和经营活动不产生较大影响的隐患，应该现场整改。如防火间距内堆入可燃物料，疏散安全通道被堵塞，安全门上锁，消火栓、水泵结合器被重物压盖、遮挡、圈占等。由隐患所在单位制定整改方案，经保卫处（科）同意后即可动手。整改结束向保卫处报告。安全领导部门及防火干部对现场整改要进行督促、检查、指导，结束后要进行检查验收。

（2）限期整改　如果过程比较复杂，涉及面广，影响生产比较大，又要花费较多时间、人力、物力、财力才能整改的隐患，为限期整改范围内的隐患。限期整改由隐患所在单位负责，成立专门组织，并根据《责令限期整改通知书》或《重大火灾隐患限期整改通知书》的要求，结合本单位的实际情况，制定切实可行的方案，并报主管部门和当地公安消防机构批准，整改完毕应申请检查验收。

4. 火灾隐患的整改要求

企事业单位火灾隐患的整改主要有以下几方面的要求。

① 抓主要矛盾，选择最佳方案。主要矛盾是指隐患中的主要方面，主要方面的问题解决了，次要方面就能迎刃而解。制订方案时要深入研究，按照科学决策的方法和步骤选择最佳方案。

② 关键设备和要害部位整改要严格，力求彻底，不留后患，从根本上解决问题。

③ 整改期间，要按照公安消防机构下达的《责令当场整改通知书》、《责令限期整改通知书》或《重大火灾隐患限期整改通知

书》的要求，在规定的时间内将整改方案或整改情况通报当地公安消防机构。

④ 整改结束后，应及时申请当地公安消防机构进行检查验收。

七、火灾应急处置

火灾发生后，机关、团体、企业、事业等单位应根据法律、法规的要求组织火灾扑救工作，并协助公安消防机构调查火灾原因，核定火灾损失。

（一）火灾初起阶段的处置

为了在紧急情况下能快速处置初起火灾事故，减少财产损失，尽快疏散建筑内的人员，机关、团体、企业、事业单位应制定完备的灭火和疏散预案，并定期组织演练。

发生火灾后，单位应根据灭火和疏散预案的部署，各相关部门应当各就各位，各负其责，各尽其职，快速有序地作出如下反应。

① 值班人员迅速拨打"119"向消防指挥中心报告火警，说明火灾的具体情况，如果可能造成人员伤亡的还应请求救护车支援。

② 立即疏散建筑内的人员至安全地带，特别是人员密集场所的现场工作人员应当立即组织、引导在场人员疏散；在安全地带集中并清点人员，询问建筑内的人员疏散情况。

③ 立即组织力量扑救初起火灾，邻近单位应当给予支援。

④ 立即启动固定消防设施。

⑤ 各个组之间保持通讯联络畅通，如果现场比较危险，迅速组织扑救人员撤离。

（二）积极配合消防队灭火

公安消防队、专职消防队到达火灾现场后，单位的现场负责人应当立即向消防队员说明现场情况，以便消防人员及时确定救人和灭火的方案。同时，还应维持火灾现场秩序，服从灭火现场指挥员的指挥，配合消防队展开灭火战斗。向灭火战斗人员提供的主要内容包括：

① 建筑内的人员疏散情况；

② 消防水源、消防泵房的位置、固定消防设施的运行等情况；

③ 建筑结构、特点、耐火等级等情况；

④ 物资分布情况，特别是贵重物资及其所在的位置；

⑤ 化工单位还应及时向消防人员说明现场的化工物资的种类、燃烧和灭火特性等情况。

（三）火灾事故调查

公安机关消防机构的火灾事故调查人员到达现场后，单位的现场负责人要积极配合调查火灾原因及统计火灾损失的工作。其主要任务如下。

1. 单位和相关人员应当按照公安机关消防机构的要求保护现场

火灾扑灭后，发生火灾的单位应当安排专人协助公安机关消防机构保护火灾现场。现场保护的范围由火灾调查人员确定，不准随便进入现场，不准触摸现场物品。现场保护人员要有高度的责任感，坚守岗位，保护好现场的痕迹、物证。保护火灾现场是每个发生火灾的单位的法定职责，故意破坏或者伪造火灾现场将负相应的法律责任。火灾调查工作结束后，接到公安机关消防机构通知后，方可清理火灾现场。如果对火灾原因的认定结论有异议的，可自行保护火灾现场。

2. 失火单位应派专人配合火灾事故调查人员的调查工作

配合调查的人员要求熟悉本单位管理及人员的情况，随时与调查人员保持联络，以便还原火灾现场、介绍单位内部相关制度、寻找并管理被调查人员。根据调查人员的需要，配合推荐见证人。

3. 接受事故调查，如实提供与火灾有关的情况

向公安机关消防机构的火灾待查人员如实提供火灾的有关情况，这也是失火单位的法定责任之一。

（1）全面介绍单位内部情况　如单位的法定代表人、消防安全管理人员、值班人员、固定消防设施的管理、各楼层的分布及使用情况、火灾发生时建筑内的人员情况、发生火灾的楼层的基本情况、内部的管理情况、工艺流程以及其他与火灾发生、蔓延有关的

信息。

（2）被询问人应如实回答调查人员的询问　询问对象主要有：最先发现火灾的人和报警人、最后离开起火部位或在现场的人、熟悉起火部位情况及生产工艺过程的人、最先到达火场的人、值班人员、受灾单位领导、火灾责任人和受害人及其他目击证人。在接受调查人员询问时应如实回答。一方面，不能将猜测或道听途说的内容当做自己亲眼所见来说；另一方面，调查人员没有涉及的内容，但被询问人认为与火灾有关的情况也应向调查人员及时反映。

4. 清理火灾中烧毁的物品及水渍损失，认真填写《火灾直接财产损失申报表》

统计火灾的直接财产损失是火灾事故调查的任务之一，失火单位应认真清理被火灾烧毁的财务及受到水渍浸泡的损失，并认真填写《火灾直接财产损失申报表》，以便火灾调查人员统计火灾的直接经济损失。应该注意的是，因民事诉讼，需要火灾财产损失结果的，有关单位和个人可以自行收集有关火灾财产损失证据材料或者委托依法设立的价格认定机构进行鉴定。

（四）火灾事故的处理

事故发生以后，单位应及时总结经验，吸取教训，举一反三，检查单位内部管理的漏洞，制定整改措施。单位应建立奖惩制度，对在火灾扑救中表现突出的应予以表彰和奖励；除依法对有关的责任人员追究刑事责任或行政处罚外，单位也应对在日常消防安全管理中失职的责任人员予以行政处分。对因参加扑救火灾或者应急救援受伤、致残或者死亡的人员，应按照国家有关规定给予医疗补偿、抚恤。

第二章

消防基础知识

第一节　燃烧的基本原理

一、燃烧的概念和分类

1. 燃烧的概念

燃烧是可燃物与氧化剂作用发生的放热化学反应，通常伴有火焰、发光和（或）发烟的现象。燃烧不仅在氧存在时能发生，在其他氧化剂中也能发生，甚至燃烧得更加剧烈。例如，氢气与氯气混合见光即爆炸。

燃烧反应通常具有三个基本特征：一是燃烧反应中生成了与原来不同的新物质。二是燃烧过程中通常都有放热现象。因为燃烧反应是一种氧化还原反应，在氧化还原反应过程中总是有旧键的断裂和新键的生成。断键时要吸收能量，成键时又放出能量。在燃烧反应中，断键时吸收的能量要比成键时放出的能量少，所以燃烧反应都是放热反应。三是在燃烧的过程中通常伴有发光和（或）发烟现象。燃烧发光的主要原因是由于火焰中有白灼的炭粒和部分不稳定中间产物生成。

2. 燃烧的分类

（1）按引燃方式分

① 点燃　指通过外部的激发能源引起的燃烧。也就是火源接近可燃物质，局部开始燃烧，然后开始传播的燃烧现象。物质由外界引火源的作用而引发燃烧的最低温度称为引燃温度。按方式不同，引燃又可分为局部引燃和整体引燃两种。如人们用打火机点燃香烟、用电子打火器点燃灶具燃气等都属于局部引燃；而熬炼沥青、石蜡、松香等易熔固体时温度超过了引燃温度导致燃烧则属于整体引燃。加热、烘烤、熬炼、热处理或者由于摩擦热、辐射热、

压缩热、化学反应热的作用而引发的燃烧也属点燃。

② 自燃　指在没有外界引火源作用的条件下，物质靠本身内部的一系列物理、化学变化而发生的自动燃烧现象。其特点是靠物质本身内部的变化提供能量。物质发生自燃的最低温度称为自燃点。

（2）按燃烧时可燃物所呈现的状态分　按燃烧时可燃物所呈现的状态可分为气相燃烧和固相燃烧两种。可燃物的燃烧状态并不是指可燃物燃烧前的状态，而是指燃烧时的状态。如乙醇在燃烧前为液体状态，在燃烧时乙醇转化为蒸气燃烧，其状态为气相。

① 气相燃烧　指燃烧时可燃物和氧化剂均为气相的燃烧。气相燃烧是一种常见的燃烧形式。如汽油、酒精、丙烷、石蜡等的燃烧都属于气相燃烧。实质上，凡是有火焰的燃烧均为气相燃烧。

② 固相燃烧　指燃烧进行时可燃物为固相的燃烧。固相燃烧又称表面燃烧。如木炭、镁条、焦炭的燃烧就属于此类。只有固体可燃物才能发生此类燃烧，但并不是所有固体的燃烧都属于固相燃烧，如在燃烧时分解、熔化、蒸发的固体，都不属于固相燃烧，仍为气相燃烧。

（3）按燃烧现象分　按燃烧现象分可分为着火、阴燃、闪燃、爆炸四种。

① 着火　亦称起火，指以释放热量并伴有烟或火焰或两者兼有为特征的燃烧现象。着火是经常可见的一种燃烧现象，如木材燃烧、油类燃烧、煤气的燃烧等都属于这一类型的燃烧。这种燃烧的特点是：通常条件下，可燃物燃烧需要点火源引燃，一经点燃，可持续燃烧下去，直至将可燃物烧完为止。

② 阴燃　是指可燃物不发光的缓慢燃烧，通常产生烟并伴有温度升高现象。阴燃是可燃固体由于供氧不足而形成的一种缓慢的氧化反应，其特点是有烟而无火焰。

③ 闪燃　指可燃液体表面蒸发的可燃蒸气遇火源产生的一闪即灭的燃烧现象。闪燃是液体燃烧时常有的一种燃烧现象，少数可燃固体在燃烧时也有这种现象。

④ 爆炸　指可燃物发生急剧氧化或分解反应，导致环境温度、

压力剧增的极端燃烧现象。爆炸按其燃烧速度传播的快慢分为爆燃和爆轰。燃烧以亚音速传播的爆炸为爆燃；燃烧以冲击波为特征，以超音速传播的爆炸为爆轰。

二、燃烧的要素和条件

燃烧不是在任何情况下都可以发生的，而是必须具备一定的要素和条件。

1. 燃烧的要素

燃烧的要素是指制约燃烧发生和发展的根本因素。燃烧的要素主要包括可燃物、氧化剂和点火源，即通常所说的"燃烧三要素"。如图 2.1 所示。

图 2.1 着火三角形

（1）可燃物 广义而言，凡是能燃烧的物质都是可燃物。有些物质在通常情况下不燃烧，但在一定的条件能够燃烧。例如，铁和铜在通常情况下不能燃烧，但是，赤热的铜和铁在纯氯气或纯氧气中都能发生剧烈的燃烧。可燃物大部分为有机物，少部分为无机物。可燃物在燃烧反应中都是还原剂，是燃烧得以发生的内因，没有可燃物，燃烧无从谈起。

（2）氧化剂 这里所讲的氧化剂是指具有强氧化性，与可燃物接触在一定条件下能够导致燃烧的物质。氧化剂又称助燃剂，它是燃烧得以发生的必要条件之一。没有氧化剂的参与，燃烧就不会发生。

（3）点火源 凡是能引起物质燃烧的点火能源，统称为点火源。如明火、高温表面、摩擦与冲击、自燃发热、化学反应热、电火花等。

2. 燃烧的条件

具备了上述三要素，燃烧也不一定发生。为使燃烧发生，上述三个要素还必须满足如下数量要求，并相互作用：

（1）一定的可燃物数量。可燃气体或蒸气只有达到一定的体积分数时才会发生燃烧。如氢气的浓度低于 4％时，不能点燃；煤油在 20℃时，由于蒸发速率较小，接触明火也不能燃烧。

（2）一定的氧化剂数量。例如，一般的可燃材料在氧含量低于 13％的空气中将不能持续燃烧。

（3）一定的着火能量。即能引起可燃物燃烧的最小点火能量。

（4）相互作用。燃烧的三要素必须相互作用，燃烧才可能发生和持续进行。对于有焰燃烧而言，要使燃烧持续进行，在燃烧区域还必须存在一定数量的维持链式反应的游离基（自由基）"中间体"。因此，对于有焰燃烧除了上述三要素，还必须包括游离基。这也就是通常所说的燃烧四面体，如图 2.2 所示。

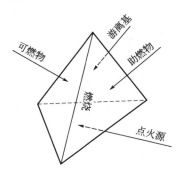

图 2.2　燃烧四面体

三、燃烧产物的主要特性

1. 燃烧产物

燃烧产物是指燃烧过程中生成的所有物质。燃烧产物按其燃烧

的完全程度分为完全燃烧产物和不完全燃烧产物。

（1）完全燃烧产物 指燃烧过程中生成的不能再燃烧的产物。完全燃烧产物在燃烧区中具有稀释氧含量、抑制燃烧的作用。

（2）不完全燃烧产物 如果在燃烧过程中生成的产物还能继续燃烧，那么这种燃烧叫做不完全燃烧，其产物为不完全燃烧产物。例如，碳在空气不足的条件下发生不完全燃烧，生成的主要产物是还可以燃烧的一氧化碳。不完全燃烧是由于空气不足或温度太低造成的，燃烧产物的成分由可燃物的组成和燃烧条件决定。

2. 燃烧产物的主要特性

火灾中燃烧产物的主要特性包括以下几个方面。

（1）毒害性 烟气中含有多种有毒气体，达到一定浓度时，会造成人的中毒死亡。近年来高分子合成材料在建筑、装修及家具制造中的广泛应用，使火灾所生成的烟气的毒性更加严重。

（2）刺激性 烟气中部分气体（如卤化氢等）对人的眼睛和呼吸道黏膜具有强烈的刺激性，能够造成视力模糊和呼吸困难，严重影响人员的逃生能力。

（3）减光性 由于燃烧产物中，烟粒子对可见光是不透明的，故对可见光有遮蔽作用，使人眼的能见度下降。在火灾中，当烟气弥漫时，可见光会因受到烟粒子的遮蔽作用而大大减弱，尤其是在空气不足时，烟的浓度更大，能见度会降得更低。如果是楼房起火，走廊内大量的烟会使人们不易辨别火势的方向，不易寻找起火地点，看不清疏散方向，找不到楼梯和安全出口，严重妨碍安全疏散，从而给扑救和疏散工作带来困难。

四、火焰及热的传播

1. 火焰的概念

火焰是指发光的气相燃烧区域。火焰的存在是燃烧过程进行中最明显的标志。气体燃烧一定存在火焰；液体燃烧实质是液体蒸发出的蒸气在燃烧，也存在火焰；对于固体燃烧，如果有挥发性的热解产物生成，这些热解产物燃烧时同样存在火焰；如果无挥发性的热解产物生成，就不会产生火焰，只能是具有发光现象的灼热燃烧，也称无焰燃烧，如木炭、焦炭的燃烧。

2. 火焰的分类

燃烧的火焰按其状态不同，可分为静止火焰和运动火焰两类。静止火焰即火焰不动，可燃物和氧化剂不断流向火焰处（燃烧区）的火焰。运动火焰即火焰移动，可燃物和氧化剂不动的火焰。例如，若将可燃气体和空气混合物导入玻璃管内，从一端点燃混合物，便产生火焰，并且火焰会向另一端传播（运动火焰也叫预混火焰）。

燃烧的火焰按照通过火焰区的气流性质，可分为层流火焰和湍流火焰。层流火焰指火焰中层流体的质点作一层滑过一层的运动，层与层之间没有明显的干扰。湍流火焰指火焰中的湍流体在流动时，流体的质点有剧烈的骚扰涡动。湍流火焰比层流火焰短，火焰加厚，发光区模糊，有明显的噪声等。

3. 热的传播

火灾发生、发展的整个过程始终伴随着热的传播过程。热传播是影响火灾发展的决定因素，通常除了火焰直接接触传播外，还以热传导、热辐射和热对流三种方式向外传播。

（1）热传导　热从物体的一部分传到另一部分的现象叫热传导。热传导的实质是物质分子间能量的传递。在这种传热形式中，物质本身不发生移动而能量发生转移。

（2）热对流　依靠热微粒传播热能的现象叫热对流。热对流按介质状态的不同有气体对流和液体对流两种。通过气体流动来传播热能的现象叫气体对流。如房间里的热空气从上部流出，冷空气从下部进入就是气体对流；通过液体流动来传播热能的现象叫液体对流。如水暖暖气的传热原理即属于这种对流。

（3）热辐射　以辐射传播热能的现象叫热辐射。物体中电子振动或跃迁的结果，就对外放射出辐射能。电磁波是辐射能传送的具体形式。对于热辐射来说，温度是物体内部电子跃迁的基本原因，

所以热辐射的辐射热量主要取决于温度。火场上物质燃烧的火焰，主要是以辐射的方式向周围传播热能的。一般来说，火势发展最猛烈的时候，也就是火焰辐射能力最强的时候。一个物体接受辐射热的多少、能否被辐射引燃，与热源的温度、距离、角度和物体本身的易燃程度有关。

五、物质的自燃

1. 自燃的概念及基本特征

自燃是指可燃物与其他物质（包括空气、水、强氧化性物质等）在正常环境中，不需要外界施加着火能量，只依靠物质之间互相作用（包括化学、物理及生物等作用）释放出的热量而使可燃物质发生自行燃烧的现象。

根据燃烧理论中的热着火机理，各类物质发生自燃的前提条件是可燃体系的产热速率必须大于散热速率。产热速率的影响因素大致包括：物质互相作用时的发热量、物质的初始温度、催化物质的催化作用、物质粉末的比表面积、物质表面的新旧程度（指表面活性大小）等。散热速率的影响因素大致包括可燃体系的导热作用、对流换热作用、辐射换热作用以及粉末物质的堆积体积大小和比表面积等。

2. 主要的自燃物质

能自燃的可燃物种类较多，其中绝大部分属于危险化学品中自燃物品类别。根据物质自行发热的初始原因的不同，这种自燃可分成氧化放热自燃、分解放热自燃、聚合放热自燃、吸附放热自燃、发酵放热自燃、遇水自燃等类型，各种自燃类型的物质举例如下：

（1）氧化放热自燃的物质　常见的如黄磷、磷化氢、烷基铝、硫化铁、煤（烟煤、褐煤、泥煤等）、浸油脂物品等。

（2）分解放热自燃的物质　常见的如硝化棉、赛璐珞塑料制品及硝化纤维素电影胶片等。

（3）聚合放热自燃的物质　如甲基丙烯酸酯类、乙酸乙烯酯、丙烯腈、苯乙烯等单体以及生产聚氨酯软质泡沫塑料的原料聚醚和二异氰酸甲苯酯等（在生产、贮存过程中因阻聚剂失效或加量不足而使单体原料自行聚合放热、易引起暴聚、冲料或火灾爆炸）。

（4）吸附放热自燃的物质　如活性炭，还原镍，还原铁、镁、铝、锆、锌、锰、锡及其合金粉末等。另外，煤、橡胶粉末等在空气中也有这种吸附放热作用。

（5）发酵放热自燃的物质　如稻草、杂草、树叶、原棉、锯木屑、甘蔗渣、玉米芯等（大量堆积及受潮条件下易发酵放热、氧化放热，导致自燃）。

（6）遇水能发生自燃的物质　如碱金属及碱土金属、金属氢化物、硼氢化合物、金属磷化物、金属碳化物、金属粉末等。如钾、钠、锂、钙、锶、钡、钾钠合金、磷化钙、碳化钙（电石）、镁粉、铝粉等。

第二节　火灾的基本过程

一、火灾发展的基本过程

火灾是在时间或空间上失去控制的燃烧所造成的灾害。火灾的发展从整体上讲可以分为初期增长、充分发展和减弱三个阶段。室内火灾的发展过程如图 2.3 所示。

（1）初期增长阶段　火灾初期增长阶段中，可燃物在点火源的作用下被引燃。

（2）充分发展阶段　当起火房间的温度达到一定值时，室内所有的可燃物都可发生燃烧，也即出现轰燃。轰燃的出现标志着火灾进入到充分发展阶段。在充分发展阶段，房间内的温度逐渐升至某一最大值，这时燃烧大多由通风控制，燃烧状态相对稳定。

（3）减弱阶段　随着可燃物的消耗，火灾的燃烧强度逐渐减弱，明火焰熄灭，但燃烧释放的热量不会很快散失，着火区内温度仍然较高。

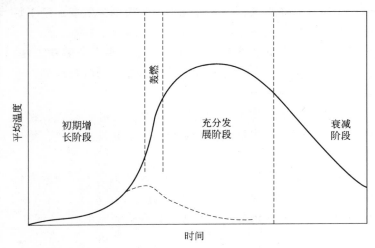

图 2.3　室内火灾发展的温度-时间曲线

二、火灾过程的基本参数

（1）闪点　闪点是指可燃液体或固体表面上的蒸气和空气的混合物与火接触发生闪燃的最低温度。从消防观点来说，闪点就是可能引起火灾的最低温度。闪点越低，引起火灾的危险性越大。

（2）燃点　燃点是指可燃物质加热到一定温度，遇到明火发生持续燃烧时物质的最低温度。在不同大气压下燃点也会有所变化，一般气压越低，燃点越高。

（3）自燃点　自燃点是指在规定的条件下，可燃物质产生自燃的最低温度。自燃点越低的物质越容易燃烧，因而其火灾危险性越大。

（4）热分解温度　热分解温度是指可燃固体受热分解的初始温度。一般来说，可燃固体的热分解温度越低，火灾危险性越大。

（5）热释放速率　热释放速率是影响火灾发展的基本参数，它体现了火灾放热强度随时间的变化，决定了室内温度的高低及烟气产生量的多少。

第三节　防火与灭火的基本方法

一、防火的基本方法

根据燃烧的基本原理，可采取以下基本方法对火灾进行预防。

1. 控制可燃物

在生产和生活中，尽可能采用难燃或不燃材料代替易燃材料；降低可燃物质（可燃气体、蒸气和粉尘）在空气中的体积分数，如在工厂车间或库房易产生可燃气体的部位，可采用通风或局部通风，使可燃物难于积聚，从而不超过最高允许值；防止可燃物质跑、冒、滴、漏；对于那些相互作用能产生可燃气体或蒸气的物品应加以隔离，分开存放。

2. 隔绝空气

涉及易燃易爆物质的生产过程，应在密闭设备中进行；对有异常危险的，要充入惰性介质保护；隔绝空气储存某些物质等。

3. 消除点火源

在易产生可燃性气体的场所，应采用防爆电器；同时禁止一切火种。

4. 防止形成新的燃烧条件，阻止火灾范围的扩大

设置阻火装置，阻止火焰蔓延；在车间或库房里筑防火墙，或在建筑物之间留防火间距，一旦发生火灾，使之不能形成新的燃烧条件，防止火灾范围扩大。

二、灭火的基本方法

根据燃烧四面体，可以采取以下灭火基本方法。

1. 隔离法

隔离法就是将可燃物与着火源隔离开来。如将尚未燃烧的可燃物移走，使其与正在燃烧的可燃物分开；断绝可燃物来源，燃烧区

得不到足够的可燃物，燃烧就会熄火。

2. 窒息法

窒息法就是助燃物（氧气、空气或其他氧化剂），使燃烧停止。常用的措施有：用不燃或难燃物捂住燃烧物表面；用水蒸气或惰性气体灌注着火的容器；封闭起火建筑物的孔洞等，使燃烧区得不到足够的氧气而窒息。

3. 冷却法

冷却法就是将燃烧物的温度降至着火点（燃点）以下，使燃烧停止；或者将临近着火区域的可燃物温度降低，避免形成新的燃烧条件。

4. 化学抑制法

化学抑制法采用化学灭火剂消除燃烧反应赖以持续进行的游离基（自由基）"中间体"，使燃烧终止。

第四节 工业火灾的预防与控制

一、工业火灾事故原因构成

工业火灾事故的发生存在着多方面的影响因素，可以分为直接原因和间接原因。直接原因是导致工业火灾事故发生的直接条件，主要包括人为因素、物的因素以及不可抗拒的外力等原因。

（1）人为因素　人为因素主要包括人为操作失误、未制定或未落实安全生产操作制度规程等。

（2）物的因素　物的因素主要包括生产设备老化、阀门栓口生锈、生产原料具有自燃特性等。

（3）不可抗拒的外力　主要为不可抗拒的自然界外力作用，如飓风、地震、雷电等。

二、主要的工业火灾类型

工业火灾按照起火原因分，主要可以分为由点火源引起的火灾和非点火源引起的火灾。作为由点火源引起的火灾，主要是依靠点火源的作用才引起燃烧反应，如泄漏类火灾；非火源引起的火灾则主要是由于蓄热的作用而引发火灾，如自燃类火灾。按其发生火灾的原因，由点火源引起的火灾主要包括燃烧类火灾和泄漏类火灾两大类；非点火源引起的火灾主要包括反应失控类火灾和自燃类火灾。工业火灾中比较常见的火灾类型是泄漏类火灾。

三、泄漏类火灾原因分析及对策

1. 泄漏现象

泄漏类火灾通常是指处理、存贮或输送可燃物质的容器、机械或其他设备，因某种原因造成破裂而使可燃物泄漏到大气中（或外界空气吸入装置内）所发生的火灾事故。泄漏类火灾常见于石油化工企业。

泄漏问题普遍存在于工业生产、存贮和运输过程中，工业场所可能会发生泄漏的部位主要包括：厂房内的各种设备，库存中盛有气体、液体的钢瓶，罐区的贮罐，火车、汽车的槽罐，厂区内纵横交错的各种管道网等。其中，容器的焊缝、接口，压缩机的密闭环，泵的盘根，管路的阀门、法兰等处是最容易发生泄漏的部位。

2. 泄漏原因

造成泄漏的原因很多，有设备上的原因，也有工艺操作上的原因。设备上的原因主要包括设计、制造、安装、维修和管理过程中存在的问题，例如结构设计不合理，缺乏必要的维修管理措施等。工艺操作上的原因主要是设备超负荷，人的误操作造成的误开（闭）阀门等。

3. 预防泄漏类火灾事故的对策

大量泄漏类火灾事故统计资料表明，设备材料被腐蚀和人的误操作是造成此类事故的主要原因。因此，预防泄漏类火灾事故主要应从以下两方面着手。

（1）防止设备材料腐蚀　在对工业设备设计和制造过程中，正确地选择设备材料，采取合理的制造工艺降低残余拉应力，可以有效降低腐蚀裂缝产生的可能性。

（2）防止人的误操作　出现人为误操作的原因很多，如缺乏必要的专业技能培训，思想麻痹等。因此加强从业人员的业务素质，强化其操作技术和消除隐患、故障的方法，是非常重要的。同时，加强容器、管路等的防护措施，制定安全操作规程，建立可靠的自动控制系统和科学管理系统，都有助于早期发现隐患，预防和控制泄漏事故的发生。

设备运转过程中一旦发生泄漏，应迅速采取临时性补救措施，防止泄漏火灾事故的发生。首先要采取合理的堵漏措施，防止泄漏物质的扩散，加强检测报警；同时要管理火源。

四、工业火灾的预防与控制

1. 工业火灾的特点

现代工业生产的规模越来越大，特别是石油化工企业，不仅规模大，而且工艺复杂，温度压力条件苛刻，从原料到产品都有较高的火灾危险性，一旦发生火灾爆炸事故，后果非常严重。归纳起来看工业火灾主要具有以下特点：

① 火势猛烈，燃烧强度大，火场温度高，热辐射强；

② 火灾蔓延速度快，极易形成立体火灾、大面积火灾和流淌火；

③ 容易复燃和多次爆炸；

④ 往往需要投入较多的参战力量和较长时间；

⑤ 组织指挥、扑救和处置的难度都相当大；

⑥ 易造成重大人员伤亡和财产损失，社会影响大；

⑦ 容易造成环境污染，有毒有害物质一旦泄漏到大气或排放到江河中易造成大量人员伤亡和大气、水资源污染，影响持久、治理难度大。

从火灾爆炸发生的条件来看，只要保证可燃物不处于危险状态，或者消除一切点火源，就可防止火灾爆炸事故的发生。对可燃物和点火源的控制，主要通过采取技术对策和加强安全管理实现。

2. 技术对策

（1）控制火灾爆炸危险体系的形成　根据燃烧爆炸的条件，防止可燃物与氧化剂（主要是空气中的氧气）接触混合形成爆炸性混合气体，就能达到控制火灾爆炸危险体系形成的目的，具体措施包括：工艺过程中控制可燃物用量；工艺设备密闭化；加强通风除尘；采用惰性介质保护；监测空气中易燃易爆物质的含量；工艺参数的安全控制。

（2）控制点火源　归纳起来看，引起工业火灾爆炸事故的点火源有化学点火源（包括明火和积热自燃）、电能点火源（包括电火花和静电火花）、高温点火源（包括高温表面和热辐射）和机械点火源（包括冲击、摩擦和绝热压缩）四类八种。针对各种点火源的特点，分别采取相应技术措施进行预防。一般而言，明火采取隔离；积热自燃采取通风散热和隔离；电火花采用规定等级的防爆型电气设备；静电火花采取接地释放；高温表面采取隔热保温；热辐射采取隔离和遮挡；机械点火源主要采取防摩擦等技术措施。

（3）控制火灾蔓延扩大　当前，由于安全科学与技术的局限，完全避免火灾爆炸事故的发生尚不现实。因此，在尽量降低火灾爆炸事故发生概率的同时，还需要根据风险评价，采取相应的控制火灾爆炸事故蔓延扩大的技术措施，以保证一旦发生火灾爆炸事故，能将损失降到最低。限制火灾爆炸事故蔓延扩大的主要技术措施包括工厂正确的选址布局、建筑防火防爆设计、消防设计以及在生产过程中采用防火防爆装置和设施等方面。

3. 安全管理

工业火灾的预防控制，从安全管理的角度讲，就是要严格执行国家有关消防安全的法律法规，落实本书第一章所述各项安全职责。

五、工业火灾的扑救措施

灭火扑救是控制工业火灾爆炸发展蔓延的重要防范措施。扑救工业火灾时，必须根据火灾特点，按照先控制、后消灭的原则，灵活运用灭火战术与技术，有效控制扑灭火灾。具体见第五章有关内容。

第三章

灭火设施及器材

第一节　灭火剂

一、概述

灭火剂是指能够抑制燃烧、熄灭火焰的各种物质。灭火剂主要通过降低可燃物浓度、冷却反应区或燃烧物、隔离反应物、抑制燃烧反应等作用来达到灭火目的。按照灭火剂的聚集状态，可以分为液态灭火剂、泡沫灭火剂、气体灭火剂等；按照灭火机理，灭火剂可以分为冷却类灭火剂、稀释类灭火剂、隔绝类灭火剂、化学抑制类灭火剂等。

二、水系灭火剂

1. 水

水灭火剂包括各种天然和加工后的水，如河水、自来水等。水具有流动性好，吸热能力强的特点，是扑救火灾过程中最常用的灭火剂。

（1）灭火机理

① 冷却作用　水具有良好的吸热性，1kg 水温度升高 1℃可吸收热量 4184J，1kg 水蒸发汽化时可吸收热量 2259kJ。当水被加热、汽化时会吸收大量的热量，能够有效降低火场环境温度，冷却燃烧物质，使燃烧终止。

② 稀释作用　水受热汽化后产生的水蒸气弥散在燃烧区内，可以有效降低燃烧区内可燃气体成分的浓度，使燃烧减弱。当可燃气体浓度下降到可燃浓度以下时，燃烧便会终止。

③ 窒息作用　水及其受热汽化后产生的大量水蒸气能够在可燃物与周围环境之间形成一层隔离带，阻止周围环境中的新鲜空气

进入燃烧区，同时还可以降低燃烧区内氧气浓度，使燃烧因缺氧而停止。

④ 冲击作用 经直流水枪等射水装置喷射出来的水流有很大的冲击作用，能使火焰离开燃烧根部，失去维持燃烧所需热量来源，燃烧自行终止。

（2）适用范围 水的形态不同，其灭火效果也不同。直流水可用于扑救一般固体物质火灾；开花水除了可扑救一般可燃固体物质火灾外，还可以扑救纤维物质、谷物堆囤等火灾；雾状水可用于扑救电气设备火灾、粉尘火灾、重油或沸点高于 80℃ 的石油产品火灾；水蒸气主要用于容积在 $500m^3$ 以下的密闭厂房，以及空气不流通的地方或燃烧面积大的火灾。

水不适用于扑救以下类型的火灾：

① 遇水会发生化学反应的物质，贮存有大量浓硫酸、浓盐酸等的场所；

② 直流水不能扑救可燃粉尘聚集处火灾；

③ 非水溶性可燃液体火灾；

④ 贵重仪器设备、图书档案等火灾。

2. 水系灭火剂

水系灭火剂是在水中增加添加剂或是改变水的物理特性以提高水的灭火性能的灭火剂。水系灭火剂主要包括以下几类：

（1）强化水 在水中添加碱金属盐或有机金属盐，以提高水在扑灭 A 类火灾中的抗复燃性能。

（2）乳化水 在水中添加含有憎水基团的乳化剂，主要用于扑救闪点较高的油品火灾。

（3）润湿水 在水中添加少量表面活性剂，以降低水的表面张力，提高水的润湿能力，主要用于扑救木材、橡胶、煤粉堆等火灾。

（4）抗冻水 在水中加入抗冻剂，如氯化钙、碳酸钙、甘油等，使水的冰点降低，主要用于寒冷地区火灾扑救。

（5）流动改进水 在水中增加减阻剂，可以有效减小水在水带输送过程中的阻力，提高水带末端水枪或喷嘴压力，提高输水距离和射程。

（6）黏性水　在水中增加增稠剂，提高水的黏度，增加水在燃烧物表面上的附着力，可以防止灭火水的流失，达到节水目的。

（7）"冷火"灭火剂　"冷火"灭火剂是美国环球冷焰公司开发的、具有光化学作用的灭火剂。这类灭火剂使水的吸热能力大幅提高，可用于扑救 A、B、D 类火灾。

三、干粉灭火剂

干粉灭火剂是含有碳酸氢钠、碳酸氢钾、磷酸二氢铵、硫酸钾和添加剂等物质的固体粉末。使用中，一般用干燥的二氧化碳或氮气作动力，将干粉从容器中喷出，形成粉雾喷射到燃烧区，以粉气流的形式扑灭火灾。干粉灭火剂的种类很多，主要可以分为普通干粉、磷铵干粉等。

1. 灭火机理

（1）化学抑制作用　干粉灭火剂的灭火组分是燃烧的非活性物质，当把干粉灭火剂加入到燃烧区与火焰混合后，干粉粉末会吸附火焰中的自由基，大量消耗维持燃烧连锁反应的关键自由基·OH 和·H，使燃烧的链反应中断，最终使火焰熄灭。

（2）隔离作用　干粉灭火剂的固体粉末喷出后会覆盖在燃烧物表面，形成一层隔离层，阻断燃烧物与外界空气的接触。当粉末覆盖达到一定厚度时，还可以起到防止复燃的作用。

（3）冷却作用　干粉灭火剂的固体粉末在高温下会放出结晶水或发生分解，这些都属于吸热反应，能有效降低燃烧反应区的温度，在一定程度上抑制燃烧。

2. 适用范围

干粉灭火剂主要使用于扑救各种可燃、易燃液体火灾，气体火灾和一般带电设备火灾。磷酸铵盐类干粉灭火剂还可用于扑救木材、纸张等 A 类固体可燃物火灾。干粉灭火剂灭火速度快，但易复燃。

四、泡沫灭火剂

能够与水预溶，并可通过机械方法或化学反应产生灭火泡沫的灭火剂称为泡沫灭火剂。泡沫灭火剂可用于扑救油库、加油站等易燃液体罐区火灾，也可用于扑救一般火灾。泡沫灭火剂按照发泡倍数可以分为：低倍数泡沫灭火剂（发泡倍数一般在 20 倍以下）、中倍数泡沫灭火剂（发泡倍数在 20～200 倍之间）、高倍数泡沫灭火剂（发泡倍数在 200～1000 倍之间）。按泡沫灭火剂的使用场所和特点可分为 A 类泡沫灭火剂和 B 类泡沫灭火剂，B 类泡沫灭火剂又可以分为非水溶性泡沫灭火剂（如蛋白泡沫灭火剂、氟蛋白泡沫灭火剂、"轻水"泡沫灭火剂等）和抗溶性泡沫灭火剂（凝胶型抗溶泡沫灭火剂）。

1. 灭火机理

（1）隔离作用　泡沫灭火剂能够在燃烧物表面形成一层泡沫覆盖层，使燃烧物与空气隔离；同时泡沫层还可以阻止燃烧物热分解产物的溢出，使可燃气体难以进入燃烧区域，同时还隔断了火焰对燃烧物的热辐射，从而使燃烧反应终止。

（2）冷却作用　泡沫覆盖层析出的液体对燃烧表面具有冷却作用，一定程度上能够降低可燃物的温度，减缓燃烧反应的进行。

2. 适用范围

蛋白泡沫灭火剂、氟蛋白泡沫灭火剂广泛应用于石油贮罐、大面积油类火灾、可燃液体生产加工装置等场所和部位的火灾扑救。抗溶性泡沫灭火剂主要应用于扑救甲醇、乙醇、丙酮、乙酸乙酯等一般水溶性可燃液体火灾和一般固体物质火灾的扑救。

泡沫灭火剂不适用于扑救气体、金属、带电设备以及遇水能发生燃烧爆炸物质的火灾。

五、气体灭火剂

气体灭火剂主要包括卤代烷灭火剂、惰性气体灭火剂两大类。

1. 卤代烷灭火剂

卤代烷是以卤素原子取代烷烃分子中的部分或全部氢原子后得到的一类有机化合物的总称。卤代烷灭火剂具有灭火快、用量少、清洁等特点，可适用于很多场所。但是，传统的卤代烷灭火剂如1211、1301等，由于它们使用后产生的自由基对大气臭氧层有着较大的破坏作用，这些卤代烷灭火剂已停止了生产。现在应用比较多的是新开发的七氟丙烷灭火剂。

（1）灭火机理　卤代烷灭火剂可以在火焰的高温中分解，而产生活性游离基 Br·、Cl· 等参与物质燃烧过程中的化学反应，消除燃烧所必需的活性游离基 H· 和 ·OH 等，生成稳定的分子 H_2O、CO_2 及活性较低的游离基 R· 等，从而使燃烧过程中化学连锁反应的链传递中断而灭火。

（2）适用范围　卤代烷灭火剂主要适用于以下场所的火灾扑救：

① 甲、乙、丙类液体火灾；

② 可燃气体火灾；

③ 可燃固体物质表面火灾；

④ 电气设备火灾。

卤代烷灭火剂不适用于扑救下列火灾：

① 钾、钠等活泼金属火灾；

② 易热解的有机过氧化物和肼类物质火灾；

③ 可燃固体物质的阴燃火。

2. 惰性气体灭火剂

目前常见的惰性气体灭火剂主要有二氧化碳灭火剂、氮气灭火剂等。

（1）灭火机理　惰性气体灭火剂的灭火机理主要为稀释作用。惰性气体进入燃烧反应区，能大大降低反应区内可燃物和氧气的浓度，同时也可以减小反应物分子之间的有效碰撞概率，可以有效降低燃烧反应的速度，抑制燃烧反应。

（2）适用范围　惰性气体灭火剂主要适用于扑救以下火灾：

① 可燃固体物质阴燃火；

② 气体火灾；

③ 电气设备火灾；

④ 精密仪器设备、图书档案、通讯设备火灾。

由于惰性气体灭火剂灭火一般会降低灭火区域内的氧气含量，因此不适用于人员密集场所的火灾扑救。

第二节　灭　火　器

灭火器是一种由人力移动的轻便灭火器材。它能在自身压力作用下将其充装的灭火剂喷出扑救火灾。灭火器主要用于扑救初起火灾。

一、灭火器的分类

1．按充装灭火剂的类型划分

（1）水型灭火器　这类灭火器中充装的灭火剂主要是纯水，或纯水里添加少量的添加剂，清水灭火器、强化液灭火器都属于水型灭火器。

（2）空气泡沫灭火器　这类灭火器中充装的灭火剂主要是水成膜泡沫灭火剂与水按比例混合的混合液。

（3）干粉灭火器　干粉灭火器内充装的灭火剂是干粉。根据所充装的干粉灭火剂种类的不同，干粉灭火器可分为碳酸氢钠干粉灭火器、钾盐干粉灭火器和磷酸铵盐干粉灭火器等。我国主要生产和发展碳酸氢钠干粉灭火器和磷酸铵盐干粉灭火器。由于碳酸氢钠只适用于扑救 B、C 类火灾，所以碳酸氢钠干粉灭火器又称 BC 干粉灭火器。磷酸铵盐干粉适于扑救 A、B、C 类火灾，所以磷酸铵盐干粉灭火器又称 ABC 干粉灭火器。

（4）二氧化碳灭火器　这类灭火器中充装的灭火剂是加压液化的二氧化碳。

2. 按灭火器的重量和移动方式划分

（1）手提式灭火器 这类灭火器，总重在 28kg 以下，灭火剂容量在 10kg 左右，是能用手提搬运的灭火器具。

（2）推车式灭火器 这类灭火器，总重在 40kg 以上，灭火剂容量在 20kg 以上，装有车架、车轮等行驶机构，由人力推（拉）着灭火的器具。

3. 按加压方式划分

（1）贮压式灭火器 这类灭火器中的灭火剂是由与其同贮于一个容器内的压缩气体或灭火剂蒸气的压力所驱动喷射的。

（2）贮气瓶式灭火器 这类灭火器中的灭火剂是由一个专门的内装或外装压缩气体贮气瓶释放气体加压驱动的。

因为贮气瓶式灭火器较贮压式干粉灭火器构造复杂、零部件多、维修工艺繁杂，而且在使用过程中，平时不受压的筒体及密封连接处瞬间受压，一旦灭火器筒体承受不住瞬时充入的高压气体，易发生爆炸事故。为此性能安全可靠的贮压式灭火器正逐步取代贮气瓶式灭火器。

图 3.1 为手提式灭火器与推车式灭火器。近几年还出现了方便小巧的小型灭火器和不锈钢筒体灭火器（见图 3.2 和图 3.3）。

图 3.1 手提式灭火器与推车式灭火器

二、灭火器的型号编制

1. 手提式灭火器的型号编制

手提式灭火器的型号编制方法如图 3.4 所示。如产品结构有改变时，其改进代号可加在原型号的尾部，以示区别。各种手提式灭火器的灭火剂代号和特定的灭火剂特征代号见表 3.1。

图 3.2 小型手持灭火器

图 3.3 不锈钢筒体灭火器

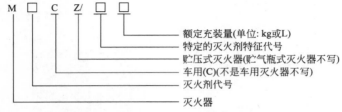

图 3.4 手提式灭火器的型号编制方法

表 3.1 手提式灭火器特征代号

分类	灭火剂代号	灭火剂代号含义	特定的灭火剂特征代号	特征代号含义
水基型灭火器	S	清水或带添加剂的水,但不具有发泡倍数和25%析液时间要求	AR(不具有此性能不写)	具有扑灭水溶性液体燃料火灾的能力
	P	泡沫灭火剂,具有发泡倍数和25%析液时间要求。包括P、FP、S、AR、AFFF和FFFP等灭火剂	AR(不具有此性能不写)	具有扑灭水溶性液体燃料火灾的能力
干粉灭火器	F	干粉灭火剂,包括BC型和ABC型干粉灭火剂	ABC(BC干粉灭火剂不写)	具有扑灭A类火灾的能力
二氧化碳灭火器	T	二氧化碳灭火剂	—	
洁净气体灭火器	J	洁净气体灭火剂。包括卤代烷烃类气体灭火剂、惰性气体灭火剂和混合气体灭火剂等		

示例：MPZAR6　　　　6L 手提贮压式抗溶性泡沫灭火器
　　　MFABC5　　　　5kg 手提贮气瓶式 ABC 干粉灭火器
　　　MFZBC8　　　　8kg 手提贮压式 BC 干粉灭火器

2. 推车式灭火器的型号编制

推车式灭火器的型号编制方法如图 3.5 所示。如产品结构有改变时，其改进代号可加在原型号的尾部，以示区别。

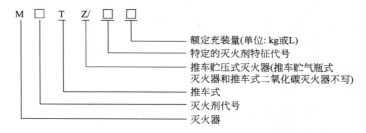

M □ T Z/ □ □

额定充装量(单位: kg或L)
特定的灭火剂特征代号
推车贮压式灭火器(推车贮气瓶式灭火器和推车式二氧化碳灭火器不写)
推车式
灭火剂代号
灭火器

图 3.5　推车式灭火器的型号编制方法

三、灭火器的配置

1. 灭火器配置的一般规定

灭火器应设置在位置明显和便于取用的地点。手提式灭火器宜设置在灭火器箱内或挂钩、托架上，其顶部离地面高度不应大于 1.50m，底部离地面高度不宜小于 0.08m。灭火器不宜设置在潮湿或有强腐蚀性的地点，当必须设置时，应有相应的保护措施。图 3.6 和图 3.7 为灭火器在部分场合的设置。

2. 灭火器配置场所的危险等级

工业建筑灭火器配置场所的危险等级，应根据其生产、使用、贮存物品的火灾危险性、可燃物数量、火灾蔓延速度以及扑救难易程度等因素，划分为以下三级。

（1）严重危险级　火灾危险性大、可燃物多、起火后蔓延迅速或容易造成重大火灾损失的场所。

（2）中危险级　火灾危险性较大、可燃物较多、起火后蔓延较迅速的场所。

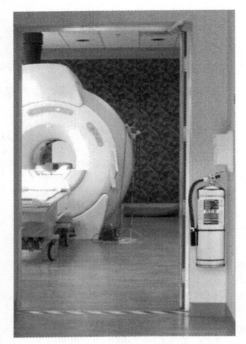

图 3.6　洁净气体灭火器在医疗部门的应用

图 3.7　灭火器在交通运输工具上的应用

（3）轻危险级 火灾危险性较小、可燃物较少、起火后蔓延较缓慢的场所。

3. 灭火器的最大保护距离

在发生火灾后，为了能够及时、有效地利用灭火器扑救初起火灾，需要了解灭火器的最大保护距离，并根据最大保护距离来设置灭火器。

设置在 A、B、C 类场所的灭火器，其最大保护距离应符合表3.2 和表3.3 的规定。

表 3.2　A 类场所灭火器最大保护距离　　　　　　　　m

危险等级	手提式灭火器	推车式灭火器
严重危险级	15	30
中危险级	20	40
轻危险级	25	50

表 3.3　B、C 类场所灭火器最大保护距离　　　　　　　m

危险等级	手提式灭火器	推车式灭火器
严重危险级	9	18
中危险级	12	24
轻危险级	15	30

D 类火灾场所的灭火器，其最大保护距离应根据具体情况研究确定。E 类火灾场所的灭火器，其最大保护距离不应低于该场所内 A 类或 B 类火灾的规定。

4. 灭火器类型选用的原则

（1）灭火器类型选用的影响因素

① 灭火器配置场所的火灾种类。

② 灭火有效程度。

③ 对保护物品的污损程度。

④ 设置点的环境温度。

⑤ 使用灭火器人员的素质。

（2）灭火器类型的选择应符合的规定

① 扑救 A 类火灾应选用水型、泡沫、磷酸铵盐干粉、卤代烷

型灭火器。

② 扑救 B 类火灾应选用干粉、泡沫、卤代烷、二氧化碳型灭火器，扑救极性溶剂 B 类火灾不得选用化学泡沫灭火器。

③ 扑救 C 类火灾应选用干粉、卤代烷、二氧化碳型灭火器。

④ 扑救带电火灾应选用卤代烷、二氧化碳、干粉型灭火器。

⑤ 扑救 D 类火灾的灭火器材应由设计单位和当地公安消防监督部门协商解决。

5. 灭火器配置的计算

（1）灭火器配置场所计算单元划分

① 灭火器配置场所的危险等级和火灾种类均相同的相邻场所，可将一个楼层或一个防火分区作为一个计算单元。

② 灭火器配置场所的危险等级或火灾种类不相同的场所，应分别作为一个计算单元。

（2）灭火器配置场所的保护面积计算规定

① 建筑工程按使用面积计算。

② 可燃物露天堆垛，甲、乙、丙类液体贮罐，可燃气体贮罐按堆垛、贮罐按占地面积计算。

灭火器配置场所所需的灭火级别应按下式计算：

$$Q = \frac{KS}{U} \tag{3.1}$$

式中　Q——灭火器配置场所的灭火级别，A 或 B；

　　　　S——灭火器配置场所的保护面积，m^2；

　　　　U——A 类火灾或 B 类火灾的灭火器配置场所相应危险登记的灭火器配置基准，m^2/A 或 m^2/B；

　　　　K——修正系数。无消火栓和灭火系统的，$K = 1.0$；设有消火栓的，$K = 0.7$；设有灭火系统的，$K = 0.5$；设有消火栓和灭火系统的或为可燃物露天堆垛，甲、乙、丙类液体贮罐，可燃气体贮罐的，$K = 0.3$。

四、灭火器的检查和报废

1. 灭火器的检查

灭火器必须进行定期检查，使其保持完整好用状态。灭火器的检查主要包括放置环境检查和外观检查。

2. 灭火器的报废

依据《建筑灭火器配置设计规范》、《灭火器的检修与报废》等有关要求，具有下列情况之一的干粉灭火器应予以报废。

① 酸碱型灭火器；

② 化学泡沫型灭火器；

③ 贮气瓶式干粉型灭火器；

④ 不可再充装型、使用五年以上灭火器；

⑤ 倒置使用型灭火器；

⑥ 软焊料或铆钉连接的铜壳型灭火器；

⑦ 铆钉相连的钢壳型灭火器；

⑧ 氯溴甲烷、四氯化碳灭火器；

⑨ 非必要场所配置的，且需进行维修的卤代烷灭火器；

⑩ 国家规定的不适用的或不安全的灭火器；

⑪ 未经国家检测中心检验合格的灭火器。

此外，下列 11 种有缺陷的灭火器也应报废：

① 筒体锈蚀严重、变形严重的；

② 铭牌脱落或模糊不清的；

③ 没有生产厂名或出厂日期的；

④ 省级以上的公安部门明令禁止销售、维修或使用的；

⑤ 有锡焊、熔接、铜焊、补缀等修补痕迹的；

⑥ 钢瓶、筒体的螺纹受损的；

⑦ 因腐蚀而产生凹坑的；

⑧ 灭火器被火烧过的；

⑨ 氯化钙类型灭火剂用于不锈钢灭火器中的；

⑩ 当某些类型灭火器按国家规定应予报废的；

⑪ 铝制钢瓶、筒体的灭火器暴露在火堆前，或重新刷漆并用烘炉烘干温度超过 160℃的。

使用、在役到规定年限的灭火器应当报废。

五、灭火器的操作使用

灭火器的操作使用应把握开启时距燃烧物的距离、开启时的具体操作、灭火剂喷射位置、使用注意事项等内容。这里以最常用的干粉灭火器为例讲解。

干粉灭火器主要适用于扑救易燃液体、可燃气体和电气设备的初起火灾，常用于加油站、汽车库、实验室、变配电室、煤气站、液化气站、油库、船舶、车辆、工矿企业及公共建筑等场所。

1. 手提式干粉灭火器操作使用

手提式干粉灭火器使用时，应手提灭火器的提把，迅速赶到火场，在距离起火点 5m 左右处，放下灭火器。使用前先把灭火器上下颠倒几次，使筒内干粉松动（新灭火器则不需要）。然后拔下保险销，一只手握住喷嘴，另一只手用力按下压把，将从喷嘴喷射出的干粉喷射到火焰根部。随着射程缩短，应走近燃烧物，或围绕燃烧物灭火，提高灭火效果。干粉灭火器在喷粉灭火过程中应始终保持直立状态，不能横卧或颠倒使用，否则不利于喷粉。在室外使用时注意占据上风方向。

2. 推车式干粉灭火器操作使用

推车式干粉灭火器的使用一般由两人操作。使用时应将灭火器迅速拉到或推到火场，在离起火点 10m 处停下，一人将灭火器放稳，然后拔出保险销，迅速打开二氧化碳钢瓶；另一人取下喷枪，展开喷射软管，然后一手握住喷枪枪管，另一只手钩动扳机。将喷嘴对准火焰根部，喷粉灭火。

六、灭火器的检查与维护

灭火器的检查是指防火监督管理人员对于本区内设置的灭火器进行的不定期的日常性检查，它包括如下几方面的检查内容。

1. 灭火器设置点的环境检查

① 检查设置点环境温度。不同类型的灭火器对周围环境温度有不同要求，设置点环境温度不能过高或过低，过低会影响灭火器的喷射性能，而过高则会使灭火器使用不安全。

② 检查设置点是否通风、干燥，是否受化学腐蚀品的影响等。

③ 检查设置点是否明显、安全和灭火器是否易取。

④ 检查保护区从设置点至保护对象之间是否有畅通无阻的通道。

2. 灭火器的外观检查

① 观察灭火器可见零部件是否完整，器壁有无损坏、变形，装配是否合理。

② 检查防腐层是否完好，有无脱落，器壁有无裂纹。轻度脱落的应及时修补；脱落面可见金属壁有严重腐蚀或发现器壁有裂纹时，应送消防专修部门做耐压试验。

③ 开启机构设有铅封的灭火器，应检查铅封是否完好。

④ 检查灭火器喷嘴有无堵塞，喷射管是否完好无破损。

⑤ 检查灭火器开启机构的保险机构，当保险机构严重锈蚀，解开很费力时，应及时予以更换。

⑥ 检查灭火器压力表指针是否指在绿色区域。若指针指在红区或压力表示数低于说明上表明的工作压力，则说明灭火器不能正常使用。

⑦ 检查推车式灭火器车架和行走机构是否完好。长时间未使用过的推车式灭火器要防止车轮的转动部分生锈，应定期给车轴加注润滑油。

第三节　消火栓给水系统

一、室内消火栓给水系统

室内消火栓给水系统是建筑物应用最广泛的一种消防设施。它

既可供火灾现场人员使用消火栓箱内的消防水喉、水枪扑救建筑物的初起火灾，又可作为消防队扑救建筑物火灾的现场水源。

室内消火栓给水系统主要由消火栓箱、室内管网和市政入户管、消防水箱和消防水池、水泵接合器、消防水泵、消防泵控制室和试验消火栓等组成。

1. 室内消火栓的使用

① 如果是常高压给水系统，不需要任何操作，接好水枪打开阀门即能满足充实水柱的要求。

② 如果是临时高压给水系统，在接好水带，打开消火栓阀门后，要通过消火栓箱内的远程启动按钮，启动消防泵，来满足水枪所需充实水柱要求。如通过远程启动按钮不能启动消防泵，应立即到泵房检查，手动启动消防泵。

③ 当消防泵不能启动或消防泵出水量不能满足灭火要求时，应立即利用消防车，通过水泵接合器向室内管网补水加压。

④ 利用消防水泵接合器供水时必须分清高、低压区水泵接合器。只有首先分清水泵接合器功能和供水区域，才能防止误接；然后打开井盖，关闭放水阀，拧开外螺纹固定接口的闷盖，接上水带即可由消防车供水；用后开启放水阀，盖好井盖，取下水带，拧好固定接口的闷盖。

2. 检查与维护

（1）日常检查　设有室内消防给水系统的高层建筑、地下建筑、大型商场、宾馆、饭店、娱乐场所和大、中型企业等单位，应按规定对消防给水系统进行日常检查。检查与维护的内容包括：

① 消火栓和消防卷盘供水闸阀无渗漏现象；

② 消防水枪、水带、消防卷盘及附件齐全完好，卷盘转动灵活；

③ 报警按钮、指示灯及控制线路功能正常，无故障；

④ 消防箱及箱内配备的消防部件外观无损伤、涂层无脱落、箱门玻璃完好无缺；

⑤ 消火栓、供水阀门及消防卷盘等转动部位润滑良好；

⑥ 加强水泵接合器的维护管理，确保接口完好，无渗漏，闷盖齐全。

（2）季节性检查　重点是冬、春季节。冬季检查消防设施的保温情况；春季检查消防设施的维修、保养情况，保证消防设施的完好有效。

（3）专项治理检查　针对消防设施现状和某一时期的火灾特点，开展有针对性的消防设施专项治理检查。

二、室外消火栓给水系统

室外消火栓是室外消防给水系统和火场供水系统中重要组成部分。通过室外消火栓既可为消防车等消防设备提供消防用水（图3.8），或通过进户管为室内消防给水设备提供消防用水，还可以连接水带水枪直枪出水灭火。

图 3.8　消火栓为消防车提供消防用水

室外消火栓按其安装情况，分为地上消火栓和地下消火栓两种，图 3.9 是两种消火栓的结构示意图，图 3.10 是常见的两种室外消火栓外观图。地上消火栓适于气候温暖地区，而地下消火栓适于气候寒冷地区。

1. 室外消火栓的使用

地上式消火栓在试验时，用专用扳手，打开出水口闷盖，接上水带和吸水管，再用专用扳手打开阀塞，即可供水。使用后，应关闭阀塞，上好出水闷盖。

使用地下式消火栓时，先打开消火栓井盖，拧下闷盖，再接上消火栓与吸水管的连接器（也可直接将吸水管接到出水口上），或接上水带，用专用扳手打开阀塞，即可出水。使用完毕应恢复

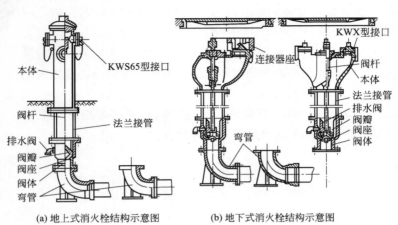

(a) 地上式消火栓结构示意图　　　(b) 地下式消火栓结构示意图

图 3.9　室外消火栓结构示意图

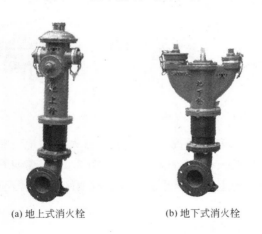

(a) 地上式消火栓　　　　　(b) 地下式消火栓

图 3.10　常见室外消火栓

原状。

2. 室外消火栓的维护

　　室外消火栓处于建筑物的外部，经常受到自然的风吹雨淋和人为损坏，所以要经常维护，使之始终处于完好状态。维护时要注意以下几点。

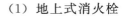

（1）地上式消火栓

① 清除启闭杆轴心头周围的杂物，将专用扳手套于杆头，检查是否合适，转动启闭杆，加注润滑油。

② 用油纱头擦洗出水口螺纹上的锈渍，检查闷盖内橡胶圈是否完好，螺丝接口和管牙接口是否完好可用。

③ 打开消火栓，检查供水情况，在放尽锈水后再关闭，并观察有无漏水现象。

④ 在寒冷季节检查保暖设施情况，防止冻结。

⑤ 检查排水情况；清除消火栓附近影响使用的障碍物。

⑥ 外表油漆剥落后应及时修补。

（2）地下式消火栓

① 消火栓井盖是否完好，出水口是否完整无损。

② 启闭杆是否灵活，必要时应加注润滑油。

③ 开启消火栓、放净锈水后关闭，检查关闭是否严密。

④ 排水装置是否好用。

⑤ 清除消火栓附近的障碍物，清除井内积聚的垃圾、沙土、杂物等。

⑥ 检查地面上固定标志是否完好醒目。

三、消防水泵接合器

消防水泵接合器是供消防车往建筑物室内消防给水管网输送消防用水的预留接口。设置水泵接合器的主要目的是考虑当建筑物发生火灾，室内消防给水系统因水泵检修、停电或出现其他故障停止运转期间，或建筑物发生较大火灾，室内消防用水量显现不足时，利用消防车、消防机动泵从室外消防水源抽水，通过水泵接合器向室内消防给水管网提供或补充消防用水。

消防水泵接合器有三种形式：地上式、地下式和墙壁式，各种形式水泵接合器见图 3.11。平时应加强水泵接合器的维护管理，确保接口完好，无渗漏，闷盖齐全。

消防员读本

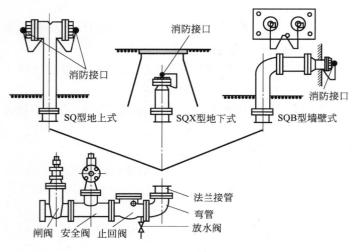

图 3.11　水泵接合器

第四节　自动喷水灭火系统

　　自动喷水灭火系统是一种固定式自动灭火的设施，它自动探测火灾，自动控制灭火剂的施放。按照管网上喷头的开闭形式分为闭式系统和开式系统。其中闭式自动喷水系统包括湿式系统、干式系统、预作用系统、循环系统；开式自动喷水系统包括雨淋灭火系统、水幕系统、水喷雾系统。

　　一、自动喷水灭火系统的组成

　　湿式喷水灭火系统，是由闭式喷头、管道系统、湿式报警阀、报警装置和供水设施组成，如图 3.12 所示。

　　干式喷水灭火系统，是由闭式喷头、管道系统、干式报警阀、报警装置、充气设备、排气设备和供水设备等组成，如图 3.13 所示。

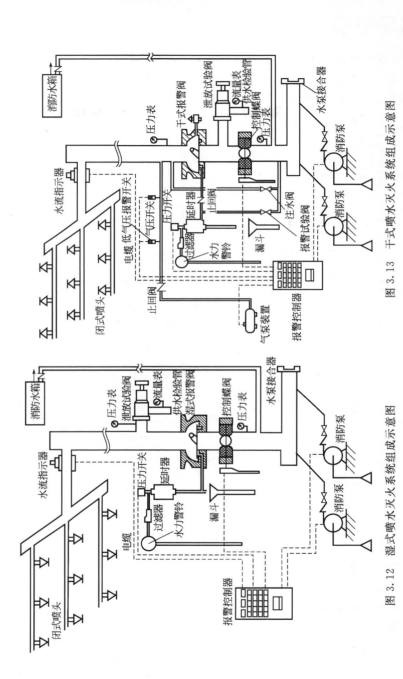

图 3.13　干式喷水灭火系统组成示意图

图 3.12　湿式喷水灭火系统组成示意图

消防水箱

压力表

干式报警阀

泄放试验阀

供水检验管

流量表

控制蝶阀

压力表

水泵接合器

消防泵

消防泵

水流指示器

闭式喷头

电缆

低气压报警开关

充气压开关

压力开关

延时器

止回阀

注水阀

注水试验阀

过滤器

水力警铃

漏斗

报警试验阀

止回阀

气泵装置

报警控制器

消防水箱

压力表

泄放试验阀

供水检验管

流量表

湿式报警阀

控制蝶阀

压力表

水泵接合器

消防泵

消防泵

水流指示器

闭式喷头

电缆

压力开关

延时器

过滤器

水力警铃

漏斗

报警控制器

第三章　灭火设施及器材

57

预作用喷水灭火系统，是由闭式喷头、管道系统、雨淋阀、火灾探测器、报警控制装置、充气设备、控制组件和供水设施等组成，如图 3.14 所示。

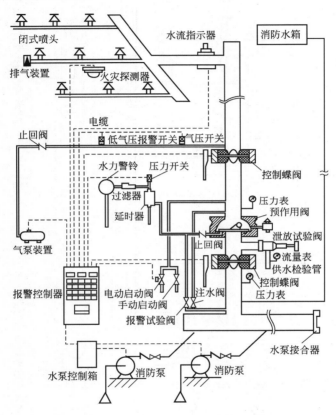

图 3.14 预作用喷水灭火系统组成示意图

雨淋灭火系统由火灾探测系统、开式喷头、雨淋阀、供水装置及管道等组成。该系统雨淋阀后的管道平时为空管。当火灾发生时，由火灾探测系统控制，自动开启雨淋阀（也可手动开启）。该雨淋阀所控制的系统管道上的所有开式喷头同时喷水灭火，如图3.15 所示。

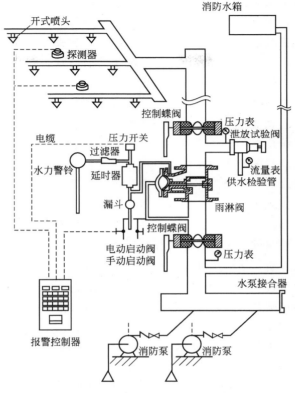

图 3.15　雨淋灭火系统组成示意图

二、自动喷水灭火系统的工作原理

　　湿式喷水灭火系统工作原理：火灾发生时，在火场温度的作用下，闭式喷头的感温元件温升达到预定的动作温度范围时，喷头开启，喷水灭火。水在管路中流动后，打开湿式阀瓣，水经过延时器后通向水力警铃的通道，水流冲击水力警铃发生声响报警信号；与此同时，水力警铃前的压力开关信号及装在配水管始端上的水流指示器信号传送至报警控制器或控制室，经判断确认火警后启动消防水泵向管网供水，达到持续自动喷水灭火的目的。

干式喷水灭火系统原理：平时干式报警阀的入口侧与水源相连并充满水，出口侧和阀后管路及头内充满压缩空气，阀门处于关闭状态。发生火灾时，在火场温度的作用下，闭式喷头的感温元件温度上升，达到预定的动作温度范围时，喷头开启，管路中的压缩空气从喷头喷出，使干式报警阀出口侧压力下降，干式报警阀被自动打开，水进入管路并由喷头喷出。在干式报警阀被打开的同时，通向水力警铃的通道也被打开，水流冲击水力警铃发出声响报警信号，如干式系统中装有压力开关时，可将报警信号送至报警控制器，也可直接启动消防泵加压供水。

预作用喷水灭火系统工作原理：在雨淋阀之后的管道内，平时充满低压气体，火灾发生时，安装在保护区的感温、感烟火灾探测器首先发出火警报警信号，控制器在将报警信号作声光显示的同时开启雨淋阀，使水进入管路，并在很短时间内完成充水过程，使系统转变成湿式系统，以后的动作与湿式系统相同。

雨淋灭火系统工作原理：雨淋系统的启动控制通过雨淋阀实现，雨淋阀入口端与进水管相通，出口端接喷水灭火管路。由于传动管与进水管相连，平时其内充有压力水，在其作用下，雨淋阀是关闭的。喷水灭火管网一般为空管，但在易燃易爆等特殊危险场所，为缩短喷头开始喷水的时间，提高喷水灭火效率，该管路可采用充水式，其充水的水面高度应低于开式喷头喷口所在的水平面。发生火灾时，火灾探测器或感温探测元件探测到火灾后，通过传动阀门（电磁阀、闭式喷头等）自动地释放掉传动管网中有压力的水，使传动管网中的水压骤然降低，于是雨淋阀在进水管的水压推动下瞬间自动开启，压力水立即充满灭火管网，系统的所有开式喷头同时喷水，实现对保护区的整体灭火或控制。

三、自动喷水灭火系统的检查与维护

自动喷水灭火系统的维护管理包括检查和维护两个方面，检查由使用单位的专职人员完成，维护需要由生产厂家或专业维修人员进行。

1. 日常检查维护

负责系统维护管理的专职人员应熟悉系统的工作原理、性能和操作维护规程，每天或每周必须进行巡检，使系统始终处于准工作状态。检查内容主要有以下两个方面：

（1）系统状态检查　对水源控制阀、报警阀组、喷头、供水设施、管道等经外观检查，检查其有无损坏、锈蚀、渗漏、启闭位置不当等，一经发现应及时采取措施。

（2）使用环境检查　使用环境或保护对象若被人为地做了不恰当的改变，可能会对系统的灭火效果产生不良影响。如库房货物堆放高度过高，会影响喷头喷水范围；喷头热敏感元件积聚灰尘或被油漆、涂料覆盖会降低喷头动作的灵敏度；可燃物数量、品种或生产性质的改变，会使原设计标准不符合现实的危险等级等。如果使用环境或保护对象发生较大变化，要重新进行论证评价，必要时可采取相应的补救措施，以确保系统的安全性。

2. 定期检查维护

系统要有定期检查制度，并能够得到贯彻落实。检查包括以下内容。

① 每月应对喷头进行一次外观检查，发现有不正常的喷头应及时更换，喷头上有异物时应及时清除。更换或安装喷头均应使用专用扳手。

② 每月应对系统上所有控制阀的铅封、锁链进行一次检查，有破损或损坏的应及时修理更换。

③ 每两个月应利用末端试验装置对水流指示器进行试验。

④ 每月应对电磁阀做动作试验，动作失常时应及时更换。

⑤ 每个季度应对报警阀旁的放水试验阀进行一次供水试验，验证系统的供水能力。

⑥ 每月应对消防水池、消防水箱及消防气压给水设备的消防贮备水位等进行检查；每两年应对消防供水设备进行检查、修补缺损和重新油漆。

⑦ 每月应对消防水泵启动运转一次，内燃机驱动的消防水泵

应每周启动运转一次。当消防水泵为自动控制启动时，应每月模拟自动控制的条件启动运转一次。

⑧ 每月应对水泵接合器的接口及附件检查一次，并应保证接口完好、无渗漏、闷盖齐全。

第五节 泡沫灭火系统

泡沫灭火系统由水源、水泵、泡沫液供应源、泡沫比例混合器、管路和泡沫产生装置等组成。泡沫灭火系统按照安装使用方式分为固定式、半固定式和移动式三种；按泡沫喷射位置分为液上喷射和液下喷射两种；按泡沫发泡倍数又可分为低倍、中倍、高倍三种。油库、石化企业等场所采用低倍数泡沫灭火系统较多。

一、泡沫液分类

当前，常用泡沫液按成分和功能分如下四类。

（1）蛋白泡沫液　主要用于扑救一般可燃液体火灾。

（2）氟蛋白泡沫液　主要用于扑救各种非水溶性可燃、易燃液体火灾。

（3）水成膜泡沫液　主要用于扑救一般非水溶性可燃、易燃液体的火灾，能与干粉联用，也可采用液下喷射的方法，扑救油罐火灾。

（4）抗溶性泡沫液　主要用于扑救水溶性可燃液体火灾。

二、泡沫液的选择和贮存

泡沫液的选择和贮存应遵循如下原则。

① 对非水溶性甲、乙、丙类液体，应当采用液上喷射时，必须采用氟蛋白或水成膜泡沫液。

② 对水溶性甲、乙、丙类液体，必须采用抗溶性泡沫液。

③ 泡沫液贮存应在 0～40℃，且应在通风干燥的房间或敞棚内。

三、液上喷射泡沫灭火系统

1. 液上固定式泡沫灭火系统

液上固定式泡沫灭火系统由水源、消防泵、泡沫液供应源、空气泡沫比例混合器、管路和泡沫产生器等组成（见图 3.16）。当贮罐起火时，由消防人员启动消防泵，经消防泵出水管、比例混合器将泡沫液与水按比例混合经管道输送至泡沫产生器，产生泡沫注入罐内覆盖油面灭火。

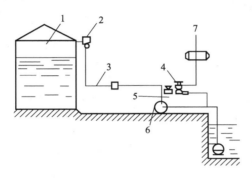

图 3.16　液上固定式泡沫灭火系统示意图

1—油罐；2—泡沫产生器；3—混合液管；4—比例混合器；

5—闸阀；6—泡沫泵；7—泡沫液罐

2. 液上半固定泡沫灭火系统

液上半固定泡沫灭火系统的组成如图 3.17 所示。将泡沫产生器固定安装在油罐上，并将下面的管道部分设置到油罐防护堤外（管道接出防护堤外，离地面高度 1m 处，末端安装接口，平时扣有闷盖），其泵系统、泡沫比例混合器由移动的消防车提供。发生火灾时，消防泡沫车到达火场在防护堤外将水带接口连接，调整比例混合器，泵加压至正常的工作压力时，打开阀门向半固定系统供给泡沫混合液，泡沫混合液在泡沫产生器处产生泡沫。

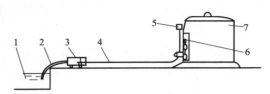

图 3.17　液上半固定泡沫灭火系统的组成

1—水池；2—吸水管；3—泡沫消防车；4—输送混合液水带；

5—空气泡沫产生器；6—泡沫缓冲圆槽；7—液体贮罐

3. 移动泡沫灭火系统

移动泡沫灭火系统，就是在贮罐上不安装固定式泡沫灭火设备，灭火时完全靠消防车等移动式消防力量，利用泡沫炮和泡沫枪等扑救火灾，其组成为消防泡沫车、水带、泡沫钩管等，如图 3.18 所示。发生火灾时，油罐未设置固定灭火系统或固定灭火系统破坏时，应采用移动灭火系统，调整消防泡沫车泡沫比例混合器，向钩枪供混合液，产生泡沫实施灭火。

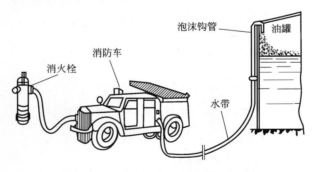

图 3.18　移动泡沫灭火系统示意图

四、液下喷射泡沫灭火系统

1. 液下固定式泡沫灭火系统

液下固定式泡沫灭火系统由消防泵、比例混合器、泡沫液贮罐、高背压泡沫产生器、泡沫输送管道组成，如图 3.19 所示。使用方法与液上固定式泡沫灭火系统相同。

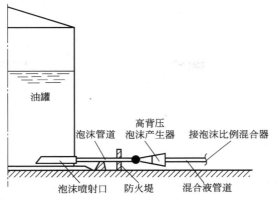

油罐

高背压
泡沫产生器   接泡沫比例混合器

泡沫管道

泡沫喷射口   防火堤   混合液管道

图 3.19　液下固定式泡沫灭火系统

2. 液下半固定泡沫灭火系统

　　液下半固定泡沫灭火系统与液下固定式泡沫灭火系统的不同之处是：使用泡沫消防车代替消防泵站、使用临时铺设水带代替固定管路系统。使用方法与液下固定式泡沫灭火系统相同。

五、泡沫灭火系统的使用方法

　　① 火灾时，消防队到场后，指挥员应首先确定该泡沫灭火系统为何种系统。对于固定式系统如果还没有启动灭火，应首先派人员到达泵站启动消防泵，向泡沫液管网内充水，同时打开泡沫液供给阀，调整比例混合器指针至正确位置。

　　② 对于半固定系统应调消防泡沫车座水源向半固定系统供泡沫混合液。

　　③ 扑救流淌火可以采用泡沫车出管枪或泡沫栓出管枪，喷射泡沫扑救流淌火。

　　④ 对于油罐未设固定灭火系统或固定灭火系统故障时，可以采用移动式灭火系统。将钩枪架设在油罐上，连接好至泡沫车的水带，按照钩枪的泡沫产生能力，调整比例混合器指针，发动机器，打开阀门，向钩枪供给泡沫混合液，产生泡沫

灭火。

六、泡沫灭火系统使用中的注意事项

1. 比例问题

对于不同的泡沫产生器，应将泡沫比例混合器的指针调整到相应位置。一般来讲，每一个泡沫产生器的发泡能力是额定的，其中老式泡沫车上的比例混合器的刻度标为 8、16、24、32、48、64 等数字（指泡沫混合液输送量，用 L/s 表示），与产生器的发泡能力 50、100、150、200、300、400（指泡沫发生量，用 L/s 表示）相对应；新式比例混合器的刻度为 50、100、150、200、300、400 等（指泡沫发生量，用 L/s 表示）。

2. 压力问题

每一种泡沫灭火系统，泡沫产生器的发泡是在额定压力下进行的，压力失衡时，其性能大幅度变化，因此泡沫产生器处的压力应满足额定要求。特别是液下半固定灭火系统，应保证消防车出口压力满足液下泡沫产生器的额定工作要求。

七、泡沫灭火系统的检查与维护

为确保泡沫灭火系统完全处于伺服工作状态，必须由能胜任的人员按下列项目对系统进行年检。年检的目的是评定系统在检查周期内能否保持正常工作状态。每次年检时应出具年检报告，且必须由业主存档。如果年检试验数据与验收时的记录数据的偏差超过10%，应与生产商联系或找权威部门评定。

1. 泡沫液性能的测定

泡沫液的年检主要是检查泡沫液是否有过量沉淀物或变质。如发现异常，应将其泡沫液取样送生产厂商或有资质的实验室做质量分析。其次是检查泡沫液贮存量是否满足要求，有时可能由于冷喷试验后未及时补充，使泡沫液贮存量达不到设计贮存量。补充泡沫液时应注意：不同种类、牌号泡沫液不能混合，相同种类、牌号但批次不同的泡沫液也不能盲目混合。

2. 泡沫比例混合器与泡沫液贮罐的检查

压力比例混合器与泡沫液贮罐通常是一体的；环泵比例混合器、平衡压力比例混合器尽管与泡沫液贮罐不是一体的，但也相互关联，所以将泡沫比例混合器与泡沫液罐按一体进行检查较适宜。通常先进行直观检查，检查密封与锈蚀情况、相关阀门启闭情况、泡沫液罐的膨胀空间是否正常等。

3. 泡沫产（发）生装置的检查

泡沫产生器、高背压泡沫产生器、泡沫喷头、泡沫枪、泡沫炮、高倍数泡沫产生器等泡沫产（发）生装置首先应进行直观检查，检查是否有异物。泡沫产生器装有密封玻璃，破裂后应及时更换。

4. 管道检查

管道主要检查其锈蚀和机械损伤等影响机械强度的情况，其次是检查横向管道的放空坡度。地上管道应至少每年检查一次，地下管道应至少每五年进行一次定点检查。特别是对于平时无压的管道，当直观检查不能确认其是否正常时，应做压力试验。

5. 过滤器

过滤器应定期检查，每次使用和试验后必须清理干净。

6. 系统实际测试

在条件许可的场合，应进行喷射试验，以检验系统是否处于正常状态。注意：测试结束后，系统必须进行冲洗并恢复到正常状态。

第六节　气体灭火系统

气体灭火系统是以某些气体作为灭火介质，通过这些气体在整个防护区内或保护对象周围的局部区域建立起灭火浓度实现灭火。

消防员读本

根据使用的灭火剂不同，气体灭火系统可分为卤代烷灭火系统、惰性气体灭火系统（如二氧化碳灭火系统、IG-541 灭火系统等）、哈龙替代灭火系统（如七氟丙烷灭火系统、三溴甲烷灭火系统等）三大类。

一、系统组成

气体灭火系统保护的多为重要场所，是一种较为理想的自动灭火系统。气体灭火系统由贮存装置、启动分配装置、输送释放装置、监控装置等设施组成，如图 3.20 所示。气体灭火系统常见的是二氧化碳灭火系统（如图 3.21 和图 3.22 所示）和 IG-541 灭火系统。七氟丙烷灭火系统则是近年来使用比较广泛的卤代烷灭火系统（如图 3.23 所示）。

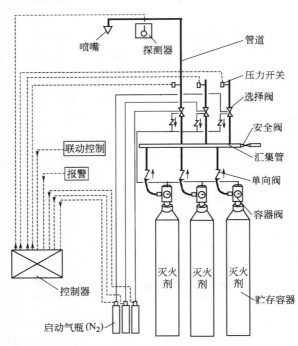

图 3.20　气体灭火系统组成示意图

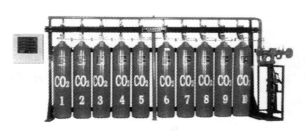

图 3.21　二氧化碳灭火系统

图 3.22　二氧化碳灭火系统启动灭火

图 3.23　七氟丙烷灭火系统

二、系统工作原理

气体灭火系统的工作原理（如图 3.24 所示）：防护区一旦发生火灾，火灾探测器首先报警，消防控制中心接到火灾信号后，启动联动装置（关闭开口、控制空调等），延时约 30s 后，打开启动气瓶的平头阀，利用气瓶中的高压氮气将灭火剂贮存器上的容器阀打开，灭火剂经管道输送到喷头喷出实施灭火。另外，通过压力开关监测系统是否正常工作，若启动指令发出，而压力开关的信号迟迟不返回，说明系统故障，值班人员听到事故报警，应尽快到贮瓶间，手动开启贮存容器上的容器阀，实施人工启动灭火。

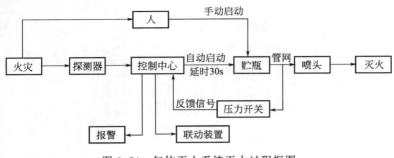

图 3.24　气体灭火系统灭火过程框图

三、气体灭火系统使用中的注意事项

① 气体灭火系统，使用中应当注意防毒、防冻伤。听到预警警报声，保护区内人员应当立即撤离保护区。

② 全淹没气体灭火系统动作后，在进入内部侦察时，应当注意防止火势复燃。

四、气体灭火系统的维护保养

对于气体灭火系统而言，必须严格按照规定进行日常检查和定期检查，并进行良好的维护保养，以保证系统始终处于良好的工作状态。使用单位必须配有经过专门培训的专职或兼职人员负责对系统进行检查，发现问题由系统生产厂家维修人员或具有从事消防工程维护保养资质的企业人员进行维护保养。

1. 日常检查（外观检查）

日常检查维护包括清洁、修理、油漆、每周巡检等工作，由专门的维护责任人执行。每周巡检应检查所有的压力表、操作装置、报警系统设备和灭火控制装置仪表等是否处于正常工作状态，检查管道和喷嘴是否完整无损或畅通，并确保它们在原设计位置上。

每周巡检应对封闭空间的情况及存放使用的可燃物进行核查，看其是否符合原设计要求。

一旦发现问题，责任维护人应立即向主管工程师和安全保卫干部汇报，以便及时解决。

2. 定期检查

定期检查主要包括半年检、年检及其他检查。

（1）半年检　系统投入使用后，每隔半年进行一次全面检查和操作试验。检查项目包括：用称重法或液位测量器测定贮存容器内的灭火剂量，当任一瓶灭火剂净重损失超过该瓶设计值的 5％时，必须对该瓶进行再充装或予以更换；通过压力表检查卤代烷灭火剂存贮容器内的压力，如果压力损失大于设计值的 10％时，应充装氮气；对主要部件包括压力控制装置、灭火控制装置、报警设备等，应分别进行无破坏性的单元操作试验。每次检查结果，应有详细记录，并注明检查日期。

（2）年检　每年应由有经验的专家对系统进行一次全面检查和联动试验。年检项目与半年检相同，联动试验系指除喷射灭火剂之外的所有室外探测、报警、启动、控制操作的联合动作试验。

（3）其他检查　每隔几年（一般 3～5 年）对各阀门进行动作试验。对容器阀进行试验时，先将启动头部分与阀体分开，旋上试验接头，然后打开容器阀，控制启动气源沿管路进入容器阀启动头的活塞上腔。这时需注意观察闸刀的动作，若情况良好，方可继续使用。

卤代烷灭火剂应按有关的技术标准要求，继续定期抽样监控检验。当发现灭火剂变质或已超过有效使用期，则必须进行再充装。

对灭火剂贮存容器应分别按《钢质无缝气瓶》、《钢质焊接气瓶》等技术标准的要求，进行定期维护、定期检查与水压试验。当发现贮存容器已不能作为压力容器使用时，必须更换新瓶。

如果发现二氧化碳灭火剂变质或已超过有效使用期，则必须进行更换。

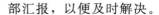

第七节　干粉灭火系统

干粉灭火系统主要用于扑救可燃气体、易燃可燃液体和电气设

备火灾。易燃可燃液体的油槽、可燃气体压缩机房、变压器室、配电室、发电机房以及与水接触能发生化学反应的催化剂等场所和部位，都可设置干粉灭火系统。

一、干粉灭火系统的适用范围与特点

1. 适用范围

① 易燃可燃液体燃料罐、槽、锅、库等。

② 有压力的液体和气体设施。

③ 变压器、油断路器等。

④ 印刷厂、造纸厂干燥炉、纺织厂、细纱车间等。

⑤ 图书馆、档案库等。

干粉灭火系统所采用的干粉类型不同，扑救火灾的对象也有区别。通常 ABC 干粉用于扑救固体火灾、可燃液体火灾、可燃气体火灾、电气火灾以及某些金属火灾；BC 干粉可以扑救可燃液体火灾、可燃气体火灾以及电气火灾。

2. 特点

① 灭火时间短、效率高，特别对石油及石油产品的灭火效果尤为显著。

② 绝缘性能好，可扑救带电设备火灾。

③ 灭火后，对机器设备的污损较小。

④ 干粉灭火剂长期贮存不变质。

⑤ 以有相当压力的二氧化碳和氮气作为喷射动力，不受电源限制。

⑥ 干粉能够长距离输送，设备可远离火区。

⑦ 寒冷地区使用不需防冻。

⑧ 不用水，特别适用于缺水地区。

3. 干粉灭火系统不能扑救的火灾

① 干粉不具有冷却作用，容易发生复燃，需与泡沫联用加以克服。

② 不能扑救电话通信站、电气设备以及其他灵敏度高的设备、

仪器火灾。

③ 不能扑救本身能供给氧的化学物质如硝酸纤维火灾。

④ 不能扑救钾、钠、锆、钛等金属火灾。

⑤ 不能扑救深度阴燃物质的火灾。

二、分类

干粉灭火系统分为固定式和移动式两种，固定式又分为全淹没灭火系统和局部应用灭火系统。

1. 全淹没灭火系统

全淹没灭火系统，是固定的管道、固定的喷嘴与固定的干粉贮罐连接成一体的一种干粉系统。主要用于密闭的或可密闭的建筑，如地下室、洞室、船舱、变压器室、油漆仓库、油品仓库以及汽车库等。

2. 局部应用灭火系统

局部应用灭火系统，是由喷嘴通过固定的管道与干粉贮罐连接，将干粉直接喷射到保护对象上的一种干粉灭火系统。主要用于建筑物空间很大，不易形成整个建筑物火灾，而只有个别设备容易发生火灾，或者一些露天装置（如停车场、装卸栈台等）易发生火灾的场所。这些场所不可能也没有必要设置全淹没灭火系统，可以针对某个容易发生火灾的部位设置局部应用灭火系统。

三、干粉灭火与动作步骤

上述两种灭火系统主要由干粉灭火设备和自动控制两大部分组成。前者包括干粉贮罐、动力气瓶、减压阀、输粉管道以及喷嘴等；后者则包括火灾探测器、起动气瓶和报警控制器等。

1. 动作步骤

① 以自动或手动方式把动力气瓶阀门打开，排出高压气体。

② 高压气体通过减压阀向干粉贮罐充气增压，使干粉流动，形成粉气混合流。

③ 干粉罐充气达到工作压力时，出口处的阀门被打开。

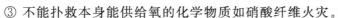

④ 粉气混合流通过输粉管由喷嘴喷向保护区。

2. 检查和保养

① 在装置区要设详细操作说明；工作人员必须严格遵守操作规程，对各部件勤加检查，确保完好。

② 动力气瓶要定期检查，测定气体压力和质量是否在规定范围内。低于规定值时，要找出漏气原因，立即更换或修复。

③ 要检查喷嘴的位置和方向是否正确，喷嘴上有无积存的污物，密封是否完好。

④ 要经常检查阀门、减压门、压力表等是否都处于下沉状态。

⑤ 应每隔 2～3 年对干粉进行开罐取样检查，如不符合性能指标，应立即更换。

第八节　水蒸气灭火系统

水蒸气是不燃的惰性气体，也是一种廉价的灭火介质。它能稀释或置换燃烧区内的可燃气体（蒸气）和助燃气体，并降低这两种气体的浓度，从而达到有效窒息灭火的作用。根据灭火实战的经验证明，当封闭空间内的空气中含有 30% 以上的水蒸气时，即能熄灭大多数油类火灾。

水蒸气灭火系统，是由喷雾喷头、管道、控制装置等组成。水蒸气灭火系统成功启动后能向燃烧区内喷射足够数量的蒸汽，在短时间内使燃烧区空间内迅速形成蒸汽幕，使蒸汽达到有效的灭火浓度，进而发挥灭火效果。

一、设置场所

宜设水蒸气灭火系统的场所主要有：

① 使用蒸汽的甲、乙类厂房和操作温度等于或超过本身自燃点的丙类液体厂房；

② 单台锅炉蒸发量超过 2t/h 的燃油、燃气锅炉房；

③ 火柴厂的火柴生产联合机部位；

④ 有条件并适用蒸汽灭火系统设置的场所。

二、设置要求

灭火蒸汽管应从主管上方引出，蒸汽压力不宜大于 1MPa。

灭火蒸汽管道的布置，应符合下列规定。

① 加热炉的炉膛及输送腐蚀性介质或带堵头的回弯头箱内，应设固定式蒸汽灭火筛孔管（简称固定式筛孔管）。每条筛孔管的蒸汽管道，应从"蒸汽分配管"引出。"蒸汽分配管"距加热炉，不宜小于 7.5m，并至少应预留两个半固定式接头。

② 室内空间小于 $500m^3$ 的封闭式甲、乙、丙类泵房或甲类气体压缩机房内，应沿一侧墙高出地面 150～200mm 处，设固定式筛孔管，并沿另一侧墙壁适当设置半固定式接头，在其他甲、乙、丙类泵房或可燃气体压缩机房内，应设半固定式接头。

③ 在甲、乙、丙类设备区附近，宜设半固定式接头。在操作温度等于或高于自燃点的气体或液体设备附近，宜设固定式蒸汽筛孔管，其阀门距设备不宜小于 7.5m。

④ 在甲、乙、丙类设备的多层框架或塔类联合平台的每层或隔一层，宜设半固定式接头。

⑤ 当工艺装置内管廊下设置软管站时，布置在管廊下或管廊两侧的甲、乙、丙类设备附近，可不另设半固定式接头。

⑥ 固定式筛孔管或半固定式接头的阀门，应安装在明显、安全和开启方便的地点。

第四章

常规消防技术装备的使用与维护

第一节 正压式空气呼吸器和过滤式防毒面具

在火场和抢险救援现场，由于存在有毒有害气体和尘埃，必须选择使用呼吸保护器具（呼吸器）以保护消防员的呼吸系统。正压式空气呼吸器和过滤式防毒面具是两种常用的呼吸保护器具。

一、正压式空气呼吸器

正压式空气呼吸器（见图 4.1）主要由气瓶总成、减压器总成、供气阀总成、面罩总成、背托总成等部件组成。

1. 使用方法

① 查外观。紧固气瓶，放松肩带、腰带，擦净面罩目镜，连接好快速接头和全面罩。

② 将供给阀转换开关置于开启状态，打开气瓶开关，检查气瓶压力，估计使用时间。

图 4.1 正压式空气呼吸器

③ 佩戴。将背托背在人体背部，按身材调节好并系紧；将长脖带套在脖子上，使全面罩挂在胸前。

④ 戴好面罩检查供气情况。一切正常时，将面罩系带收紧，并检查面罩与面部是否吻合气密。吻合气密后即可进入灾区使用。检查面罩佩戴气密性的方法是：关闭气瓶阀，深呼吸几次，若感觉面罩向人体面部移动，呼吸感到困难，说明贴合气密。

⑤ 使用中应随时观察压力表的指示值，根据撤离到安全地点

的距离和时间，留出足够的贮气量。使用中若听到警报器鸣响时，必须立即撤离现场。

⑥ 撤离现场后，将全面罩系带卡子放松，摘下全面罩，同时将转换开关置于关闭状态，关闭气瓶阀，拔下快速接头，卸下背托。拔快速接头时，应将转换开关置于开启位置或旋开泄压阀，放出管路中的残余气体，再拔开快速接头。

2. 使用后的维护保养

使用后，对空气呼吸器应及时保养，将其恢复到完整好用状态。其要求是：清洁气瓶、背托等装具；拆卸消毒清洗全面罩；对气瓶进行充气；按常规检查程序对呼吸器进行检查，发现故障及时处理。

3. 使用注意事项

① 使用后或每隔 1 个月，应对呼吸器进行 1 次全面检查。

② 拆除阀门或其他零件、拔快速接头时，不应带压操作。

③ 空气瓶在使用时不能超过额定工作压力；不允许将气瓶内气体用尽，至少应保持 0.2MPa 的压力。

④ 压力表每年应校正检查 1 次。

⑤ 消防空气呼吸器不得作潜水呼吸器使用。

⑥ 未经佩戴训练的人员，不宜佩戴进入灾区。

4. 日常常规检查

空气呼吸器不使用时，每日要进行 1 次常规检查，以确保呼吸器完整好用，随时处于战备状态。其检查的程序是：一看查外观；二开瓶阀查压力；三观压降时间查整机气密性；四开转换开关或泄压阀查警报器的报警压力；五吸气屏气查供给阀动作是否正常，供给阀与呼气阀是否匹配。

图 4.2 过滤式防毒面具

二、过滤式防毒面具

过滤式防毒面具（见图 4.2）由滤毒罐和面罩等组成。过滤式防毒面具用于氧气含量不低于 17% 的并且有害气体浓度不高的场所，尤其适合进入狭小和通风条件不好的空间。地下场所一般不能使用，有毒气体场所应根据毒气成分选用相应的滤毒罐。

1. 使用方法

检查面具外观，连接滤毒罐，旋开密封盖，打开底塞，连接面罩，佩戴即可使用。

2. 维护保养

贮存在低温、干燥、无毒的环境中，并做好密封，不得受压。

3. 注意事项

一旦发现有异味应立即更换，在氧气浓度低于 17％、高于 25％的场所不得使用。使用前应检查与面罩的连接处是否密封。

第二节　吸水管及其附件

一、吸水管及其附件

1. 吸水管

消防吸水管是水源与水泵之间的输水管，供消防水泵从水源处吸水或从消火栓取水使用。从水源处吸水时，吸水管必须形成负压才能吸上水来。从消火栓取水时，吸水管内要承受一定的水压。目前，吸水管有橡胶吸水管、合成树脂吸水管和 PVC（聚氯乙烯）轻型吸水管。新型 PVC 吸水管与橡胶消防吸水管相比，具有重量轻、单根长度长以及颜色多样便于识别等优点。

2. 吸水附件

吸水附件主要包括滤水器和滤水筐等。

滤水器装于吸水管末端，用于防止河水等水源杂物进入吸水管内。滤水筐是用藤条或聚乙烯编织的筒状体，进口部分缝以帆布或胶布。另外，也有使用拧入吸水管端阳螺纹中的筒状网，其材料可采用金属或合成树脂。

吸水附件还包括三角架、垫木和拉索。

二、吸水管及其附件的使用与维护

1. 使用要求

铺设吸水管时，应使管线尽量短些，避免骤然折弯；水泵离水面的垂直距离尽可能小一些；不要在地面上硬拖拉，以免损伤表面胶层；更不要接触腐蚀性化学物品，以防吸水管变质。

露天水源取水时，滤水器距水面的深度至少为 20～30cm，以防止在水面出现漩涡而吸进空气。从河流取水时，应顺水流方向投入吸水管。从消火栓取水时，应缓慢开启消火栓，以减少水锤的冲击力，吸水管如出现真空并变扁，说明消防车流量超过消火栓供水量，此时应降低发动机转速，减少水泵流量。

为防止吸水管的变形或损伤，必要时应使用垫木、拉索、三角架等吸水管保护器具。

吸水量大时可将两根吸水管并列使用，以减少摩擦损失。

泥水杂物多时要使用滤水筐，以防杂物进入吸水管。

吸水管使用后应将内部积水排除干净。

2. 维护保养

平时，应检查吸水管连接接头是否松动，有无变形损伤。每次使用后应及时洗净、晒干，如沾上油类等物应及时拭去。

库存吸水管应放置于板条架上，以便通风，库房内温度应在0～25℃范围内，空气湿度应为80％，不允许在烈日下曝晒和遭雨淋。不应与酸、碱等物混放。每隔三个月翻动一次，防止发霉变质。

吸水管如有破口应及时修补。

第三节　水带及其附件

一、水带及其附件

1. 消防水带

消防水带是指把消防泵输出的压力水或其他灭火剂送到火场的

软管。新型超长耐高压的聚氨酯衬里消防水带采用进口设备和进口原材料生产，具有耐高压、耐油、耐腐蚀、特别轻、使用柔软方便等特点，单根长度可达 60m 以上。

2. 水带附件

水带附件包括水带挂钩、消防接口等各种辅助器具。

（1）水带包布　水带包布在灭火与抢险救援中用于包扎水带破漏处，保证正常供水。水带包布由帆布带和金属夹钳等零件组成，使用时将包布一端穿入夹钳中夹牢即可。

（2）水带挂钩　水带挂钩是悬挂消防水带的工具。使用时将半环一端缠绕水带，另一端穿入半环中并提起金属钩，即可将水带悬挂起来。

（3）水带护桥　水带护桥是在灭火与抢险救援现场保护水带免受碾压的必备器材。使用时将水带护桥展开，将横跨马路的水带置于护桥的空隙中，按车辆轮距尺寸调整水带护桥摆放间距即可。

（4）分水器和集水器　分水器是从消防车供水管路的干线上分出若干股支线水带的连接器材，本身带有开关，可以节省开启和关闭水流所需的时间，及时保证现场供水。集水器主要用于吸水或接力送水，它可把两股以上水流汇成一股水流。集水器有进水端带单向阀和进水端不带单向阀两种形式。

二、水带的使用与管理

（1）水带的使用要求

① 水带与接口连接时，应垫上一层柔软的保护物，然后用镀锌钢丝或喉箍扎紧。

② 水带使用时，严禁骤然打折，以防水带局部折伤。

③ 不要在地上随意拖拉水带，要避开尖锐物件。装于消防车上的水带要紧固，以免磨耗。

④ 防止火焰和辐射热，特别注意不要使水带与高温物体直接接触。

⑤ 注意水带不要沾上油类、酸、碱和其他化学药品，一旦沾

上，要用清净剂洗净，并及时晾干。

⑥ 将质量较好的水带用在距水泵出水口较近的地方，以承受较大的压力。

⑦ 向高处垂直铺设水带时，要用水带挂钩；通过道路铺设水带时，应垫上水带保护桥；通过铁路时，应从轨道下面通过。

⑧ 冬季火场上需要暂停供水时，为防止水带结冰，应保持较小水量通过。当水带冻结时，要注意卷收，以防损伤。冬季尽可能使用有衬里水带，以免渗水，造成冻结。

⑨ 水带上有小孔时，要立即用包布包裹，以免小孔扩大，同时作出记号，用后及时修补。

⑩ 水带用后要及时用刷子、水枪或洗带机清洗、晾干。

（2）维护保养

① 所有水带应按质分类，编号造册，存放在专门的贮存室。贮存室应保持良好通风，并不使日光直射在水带上。

② 水带应以卷状竖放在水带架上，每年至少翻动两次并交换折边一次。

③ 应经常检查接头是否变形，有无损坏，一旦发现损坏，应及时修补。

④ 水带每次使用后要及时清洗晾干，并经常保持清洁、整齐。

第四节　消防水枪和消防水炮

消防水枪是消防员在灭火与抢险救援中广泛使用的喷水灭火器材。消防水枪的功能是把高速射流喷射到燃烧物体上，达到灭火、冷却、控制、掩护的目的。

一、消防水枪的型号

消防水枪根据射流或射程的不同可分为直流水枪、喷雾水枪、直流喷雾水枪、开花水枪、多功能水枪、带架水枪等，其中常用水枪为直流水枪和喷雾水枪。

消防水枪的型号编制如图 4.3 所示。如当量喷嘴直径为 16mm 的消防撞击式喷雾水枪记为 QWJ16。

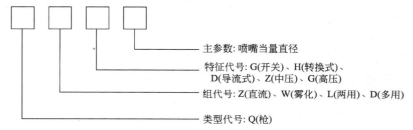

主参数: 喷嘴当量直径

特征代号: G(开关)、H(转换式)、D(导流式)、Z(中压)、G(高压)

组代号: Z(直流)、W(雾化)、L(两用)、D(多用)

类型代号: Q(枪)

图 4.3　消防水枪的型号编制

二、直流水枪

直流水枪（如图 4.4 所示）是一种喷射密集充实水流的水枪，其射流冲击力大、有效射程远、流量大，用于扑救一般固体物质火灾，以及灭火时的辅助冷却等。

1. 直流水枪的性能参数

直流水枪的主要性能参数见表 4.1。

2. 直流水枪的使用方法

① 操作直流水枪射水时，由于操作者受到反作用力影响，所以如变更射水方向，应缓慢操作。

图 4.4　直流水枪

② 使用开关水枪时，开关动作应缓慢进行，以免产生水锤现象，造成水带破裂或影响消防员安全。

③ 火场上水枪数量的确定，应根据燃烧物状况和种类及水枪可控制面积及周长来决定。例如，一支 16mm 口径的水枪，工作

消防员读本

表 4.1　直流水枪的主要性能参数

型号	进水口直径/mm	出水口直径/mm	外形尺寸（外径×长度）/mm	射程/m	质量/kg
QZ13	50	13		≥22	
QZ16	50	13,16	111×337	26,32	0.72
QZ19	65	16,19	95×390	32,36	0.93

压力为 0.30~0.35MPa 时，可控制燃烧面积为 25~30m²，能控制的燃烧周长为 10~15m。

④ 直流水枪的有效射程，可根据火灾危险类别、辐射热大小等火场具体情况确定。扑救室内一般火灾，有效射程不宜小于10m；在火灾危险性类别较低、火灾辐射热较小的场合，有效射程不宜小于 7m；重要建筑或火灾危险性较大的场合，有效射程不宜小于 15m；扑救室外火灾，有效射程不宜小于 10m，亦不宜大于17m；在火场较大的场合或扑救和冷却易燃、可燃液体的油罐火灾时，有效射程不应小于 15m；扑救油罐火灾时，有效射程不应小于17m。

另外，直流水枪的有效射程的增加是有一定限度的，一般直流水枪的工作压力大于 0.70MPa 以后，有效射程的增加就趋于缓慢了。因此，在火场上使用水枪时，其工作压力不宜超过 0.70MPa。

三、喷雾水枪

喷雾水枪是一种喷射雾状水流的消防水枪。根据雾化原理不同，喷雾水枪有离心式喷雾水枪（如图 4.5 所示）、簧片式喷雾水枪（如图 4.6 所示）、机械撞击式喷雾水枪三种类型。

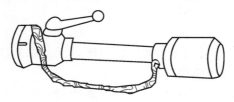

图 4.5　离心式喷雾水枪

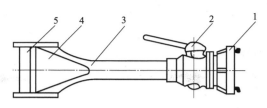

图 4.6　簧片式喷雾水枪

1—接口；2—球阀；3—枪身；4—扁喷嘴；5—簧片

喷雾水枪的特点：具有比密集充实射流更好的冷却和窒息效果；具有对可燃液体及气体吹灭和乳化灭火作用；具有良好的隔绝热辐射效果；具有良好的电绝缘性能；具有强烈的驱散烟气能力。喷雾水枪适用扑救一般物质火灾、中小型可燃液体和气体火灾，在一定条件下扑救带电电器火灾，火场排烟。还可形成水幕保护消防员，稀释浓烟及可燃气体和氧气的浓度。

1. 喷雾水枪性能参数（见表 4.2）

表 4.2　喷雾水枪性能参数

型号	进水口径/mm	工作压力/MPa	额定流量/(L/min)	射程/m	喷射夹角或射流宽度	形式
QW48	65	0.7		4~11	80°	离心式
QWP50	50	0.35~0.7	360	≥18	3.5m	簧片式
QWP60	65	0.35~0.7	540	≥22	4.5m	簧片式

2. 喷雾水枪的使用方法

使用喷雾水枪灭火时，应注意喷雾角、射流方向和喷雾射流类型的选择。

（1）雾化角的选择　利用雾状射流扑救一般火灾时，喷雾角不应过大，以 30°~50°为宜。扑救强酸、强碱及可燃粉尘场所火灾时，应适当扩大雾化角，减少冲击力，防止飞溅事故的发生。扑救电气火灾时，应有正确的战术和可靠的安全措施。

（2）射流喷射方向的选择　用雾状水扑救液体流淌火灾时，雾状水流应保持一定的俯射角。要按先近后远的顺序沿油面逐渐推

进，以免射流在整个燃烧面上快速游移而降低乳化的效果。扑救气体火灾时，要使雾状射流横向切割火焰根部，以达到切割火焰的效果。当气体压力较高时，应使雾状水流具有一定的斜角（即沿火焰根部向火焰区倾斜），以减少高速气流的影响。

（3）喷雾射流类型的选择　低压喷雾射流，一般流量较大，射程较远，适用于较大规模火灾扑救。中压和高压喷雾射流与低压喷雾射流相比，具有操纵方便、机动性强、电绝缘性能好、耗水量低、水利用率高等特点，比较适合于水源缺乏的地区及建筑物内小型火灾。

四、脉冲水枪

脉冲水枪是一种新型水枪，可以喷射超细水雾，适用于小型油品火灾、建筑内初起火灾、汽车交通事故火灾。该水枪自带水源和压缩空气源，水渍损失小、用水量省、灭火效率高，可用于一些特殊场所的初期火灾扑救和救援活动。

脉冲水枪（如图4.7所示）由枪体、背托、贮水罐、压缩气瓶、减压装置、输气管和输水管等组成。枪体上设有高压空气舱和水舱，分别通过输水管和输气管装满水和压缩空气。

图4.7　脉冲水枪

在高压空气舱和水舱间设有截门，可依靠扳机动作而高频启闭。

1. 主要性能参数

目前，国内有多个厂家生产脉冲水枪，其技术性能基本相同，见表4.3。

2. 使用方法

① 将贮水桶注满水并拧紧桶盖，连接气瓶、双路减压阀、水桶顶部气路接头。

表 4.3　脉冲水枪的性能参数

项　目	数　值	项　目	数　值
枪体外形尺寸	$\phi 70mm \times 800mm$	水枪射程	$1 \sim 17m$
器具总重	16.5kg	水雾直径	$2 \sim 200\mu m$
贮气瓶工作压力	30MPa	喷射出口速度	$80 \sim 20m/s$
贮气瓶容积	$\geqslant 1.8L$	喷射间歇时间	$\leqslant 3s$
水罐容量	13L	喷水量	$0.25 \sim 1$ 升/次

② 背上背架，调整背带、腰带并系紧，挎上脉冲枪，将枪带调整到合适的位置。

③ 连接枪体气路、水路接头。

④ 左手握住前手柄，右手抓住后手柄，食指控制扳机。

⑤ 根据现场实际情况，后拉水控制阀（橘红色）和扳机保险阀，成弓步姿势站立，身体稍向前倾，即可射击火点。

3. 使用注意事项

① 各接头连接要牢固；操作时保持前虚后实的弓步姿势，避免后坐力伤人。

② 使用时枪口不准对人；用毕必须扣动扳机放空验枪，以免枪内余压伤人。

③ 两次喷射的时间间隔大约为 3s，以便操作人员确定下次喷射的目标，以及让水雾在火中起到最大的冷却作用。

④ 连续发射时，应保持水阀开启，枪体仰起 45°。

⑤ 每发射 20 枪后要用专用工具紧固枪口。

⑥ 脉冲水枪扑救不同的物质火灾，可使用不同的灭火剂或添加相应的反应剂。

五、无后坐力多功能水枪

无后坐力多功能水枪（如图 4.8 所示）由出水枪头、流量调节套、调节手柄与固定手柄、可旋转水带矫姿快速接口四部分组成。

图 4.8 无后坐力多功能水枪

无后坐力多功能水枪的使用。

① 水枪后坐力低，单人可以操作。

② 既可喷射直流射流，又可喷射雾状射流，有的还可以喷射水幕，并且几种水流可以互相转换，组合使用。

③ 通过"Ω"形手柄与流量调节套，可在 $2\sim12\mathrm{L/s}$ 范围内进行流量选择。

④ 将流量调节套调至冲洗挡，可快速、方便地冲出水枪内的石子和其他杂物。

⑤ 水带快速接口部位可轻松旋转，自动矫正水带姿势，使其自然平直，具有防止水带缠绕功能。

六、特殊用途水枪

特殊用途水枪有多头水枪、钻孔水枪、屏障水枪、高压水枪等，图 4.9 为屏障水枪。屏障水枪是将直流枪管和半弧形板组合在底板上构成一体的水枪，可形成又宽又高的水幕墙，阻止火势蔓延扩大和泄漏气体的扩散，如图 4.9 所示。适用于建筑内火势蔓延的通道，

图 4.9 屏障水枪

气体泄漏场所。

消防水枪在使用之后要以清水认真清洗、晾干。

七、消防水炮

发生大规模火灾时，由于会产生强烈的热辐射和热气流、浓烟，并且存在建筑物崩塌等危险，使消防队员难以接近火点实施射水活动；同时，当有大风或火场产生上升气流时，射水流会被冲散。在这些情况下，需要采用高压大水量、远射程强力射水流进行灭火活动。由于这时射水反作用力大，利用人力操作枪身是十分困难的，须使用带架枪和水炮进行灭火。

消防水炮按操纵形式可分为手动操纵和远距离操纵水炮；按安装方式可分为固定式、车载式和移动式水炮。

1. 水炮的结构

以 PSY40（如图 4.10 所示）、PSD40 多功能水炮为例。这种水炮用于扑救一般固体物质火灾，适合安装在消防车、消防艇、输油码头等场所，分为固定式和移动式。

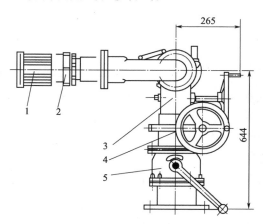

图 4.10　PSY40 型水炮（单位：mm）

1—射流变换调节环；2—流量调节环；3—转塔；4—手轮；5—球阀

该水炮流量配套范围广、射程远、功能多，具有直流、喷雾和

自卫水幕功能，可实施直流至90°水雾射流的无级调节，操作灵活方便。

多功能水炮主要由操纵手柄、台座、回转锁定柄、双分水管、射水口集水弯管、可调节喷头、双手柄、压力表等组成。

该水炮在使用时，应根据消防水泵供水量，将水炮流量配套指示调节到相应值后不得随意变动；根据火场实际要求，转动炮头上调节圈的手柄，即可调节变换射流形式和雾化角。

2. 水炮的主要技术性能

常用国产系列水炮的主要技术性能参数见表4.4。

表4.4　各种水炮的主要性能参数

型号	工作压力/MPa	流量/(L/s)	射程/m	水平回转角	仰俯角度 俯角	仰俯角度 仰角	喷雾角度
PS20	1.0	20	≥45	360°	15°	75°	90°
PS25	1.0	25	≥48	360°	15°	75°	90°
PS30	1.0	30	≥50	360°	15°	75°	90°
PS32	1.2	22,28,35	>50	360°	20°	70°	
PS40	1.0	40	≥55	360°	15°	75°	
PS50	1.0	50	≥60	360°	15°	75°	90°
PS60	1.0	60	≥70	360°	15°	75°	90°

3. 使用注意事项

① 定位。使用移动式水炮时要选择平坦地面，视情况使用固定钉、绳索，使水炮牢靠固定，地面不平时应加以适当修整。

② 操作。放松仰角固定螺钉时，需将炮体支撑起进行，手从炮管离开时，一定要检查是否紧固牢靠。改变射水方向或者开关喷雾头、球旋塞时，要缓慢进行。

③ 供水时不要骤然升压，以免影响水炮的稳定性，且加压不得超过水炮规定的射水压力。水炮使用后应清洗干净，旋转机构及折叠部位应经常加注油脂，应经常检查水炮的连接、密封及阀门是否良好。

第五节 常用逃生救生器材

消防逃生救生器材是指消防员在灾害现场中营救被困人员或自救使用的器材。常用逃生救生器材有消防梯、消防安全绳、救生照明线、救生安全绳、缓降器、救生气垫和救生袋、救生软梯等。

一、消防梯

消防梯是消防员人力操纵的移动攀登器材，在灭火与抢险救援实战中发挥着重要作用。目前使用的消防梯主要有单杠梯、六米拉梯、挂钩梯、二节拉梯、九米拉梯和十五米金属拉梯。图 4.11 为挂钩梯和二节拉梯，图 4.12 为铝合金拉梯。

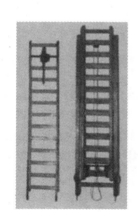

图 4.11　挂钩梯和二节拉梯

图 4.12　铝合金拉梯

1. 单杠梯

单杠梯是一种轻便的登高工具，其特点是体积小，重量轻，可以拼合，类似一根木杠。使用时将一端撞地，即张开成梯。单杠梯

适用于狭窄地方或室内登高使用，还可供消防员跨沟、越墙和代替担架使用。

2. 六米拉梯

六米拉梯升起高度为 6m。该梯由上节梯、下节梯和升降装置组成。六米拉梯一般由两人操作，一人扶梯，一人拉升。升梯高度可根据需要随意调节。

3. 挂钩梯

挂钩梯是消防员利用建筑窗口、阳台等用挂钩固定梯身上楼的攀登工具之一。挂钩梯分木质、竹质和铝合金三种。可以单独使用，也可与二节拉梯或三节拉梯联用。

4. 九米拉梯

九米拉梯升起高度为 9m。该梯由上节梯、下节梯和升降装置组成。九米拉梯一般由两人操作，一人扶梯，一人拉升。升梯高度可根据需要随意调节，用它可攀登至楼房三层。

5. 十五米金属拉梯

十五米金属拉梯用于消防员攀登四层以下建筑物的窗口或阳台，也可作为其他登高作业或翻越障碍物的工具。

二、消防安全绳

消防安全绳（即救生绳）（如图 4.13 所示）是消防员在灭火与抢险救援中用于楼房进行救人和自救的工具，也可作为高处升降灭火与抢险救援器材工具，还可在火情侦察时用作标绳。

图 4.13　消防安全绳

战斗班用安全绳一般长度为 35m，静负荷为 1000kg。主要用于消防员由楼上下滑自救或向下吊送被抢救的人员和物资。

1. 使用注意事项

① 使用前应认真检查是否有磨损或断股现象，如发现磨损较大或有 1/2 股以上磨断时，应停止使用。

② 使用时避免接触硬质尖锐物，避免沾污油、强酸、强碱等腐蚀性物质。

③ 使用时严禁承受超负荷的冲击载荷，防止出现断股或断绳。

2. 维护保养

① 日常要搞好养护，防止霉变。

② 使用后认真检查，如发现有断股或严重磨损要及时更换或修复。

三、救生照明线

救生照明线（如图 4.14 所示）绳长 30～100m；使用电压 220V。在温度超过 250℃时，5min 内可以保持完整性。如某处有破损，20s 后该处自动断电，不影响整条线的使用。救生照明线适用于浓烟、无照明场所以及水下引导疏散人员；也可在有毒及易燃易爆气体的环境中使用。

图 4.14　救生照明线

使用注意事项：不能与尖锐物质接触；水中使用时，注意防触电。

维护保养：用湿布擦洗聚氯乙烯外套或在含洗涤剂的温水中浸泡清洗（有连接器的除外）。使用后应冷却照明线。

四、漏泄通信救生安全绳

漏泄通信救生安全绳由漏泄安全绳（50m）、电源盒、通信盒、专用耳麦等构成。集有线通信、安全绳、荧光导向三功能于一体，一绳三用，适用于矿井、船舶、地铁、地下室、人防工程、地下商场、仓库、山洞、隧道等场所的抢险通信、救灾侦察、救生逃生和火灾扑救等。

1. 使用注意事项

① 连接线作安全绳使用时应检查其强度；有严重划割伤损后，

不能做安全绳使用。

② 使用插头、插座时要认准位置和方向，切忌生拉硬扯，以防损坏。

③ 不能长时间在150℃以上的环境使用，以免将线路损坏。

④ 使用中电源指示灯为红色时，要立即更换9V高性能碱性电池。

2. 维护保养

① 保持表面清洁，线路受潮时要及时擦洗晾干；检查所有插头、插座是否完好。

② 主机/分机如长期不用，应将电池取下存放；组合箱应放置于通风干燥场所。

五、缓降器

缓降器可分为往返式和自救式两种，其中往返式又可分为离心力制动式和油制动式；自救式可分为多孔板型和摩擦棒型。

往复式缓降器（如图4.15所示）绳索可上下往返，连续救生，下降速度随人体重量而定，不需人力辅助控制。自救式缓降器不能往返使用，其绳索固定，下降速度由人控制。

图4.15 往复式缓降器

1. 使用注意事项

① 不可承受超负荷的冲击荷载，避免绳索出现断股。

② 避免与尖利物体接触和酸、碱等腐蚀性物品。

③ 缓降器在使用前要认真检查，同时必须按规定正确使用，使用时必须固定牢固后才可下降人员。

2. 维护保养

① 平时要搞好保养，不准带病运行。

② 达到最高使用次数时，要拆卸检查，全面清洗、注油、更换配件。

③ 要勤检查，如发现绳索磨损较大或有 1/2 股以上头磨断时，应立即停止使用。

六、救生气垫和救生袋

救生气垫可用于接救被困于 10m 以下的楼层的遇险人员。救生气垫有气柱式和充气式两种，分别如图 4.16 和图 4.17 所示。气柱式由气垫和充气瓶组成。充气式救生气垫由气垫、拉绳、电动或机动排烟机等构成，气垫采用双层结构，里层设有内垫，上面设有 2 个缓冲气包、2 个安全风门组成，气垫尺寸 8m×6m×2.2m，充气时间 3min，间歇救生时间 3~5min。

图 4.16 气柱式救生气垫

图 4.17 充气式救生气垫

救生袋是两端开口，供人从高处在其内部缓慢滑降的长条形带状物。它一般由救生袋入口框架及地面固定环等组成。

1. 救生气垫、救生袋使用注意事项

① 注意气垫上空应无障碍物。被救人员不可携带尖硬物件和锐器。

② 实际救生时，应打开安全风门，鼓风机应保持怠速不间断地供气。

③ 不能将气垫充气成饱和状态，以免增加反弹力，危及人体安全。

④ 人员下跳时，四角应有战斗员拉紧气垫，防止气垫倾斜伤人；及时疏散被救人员。

⑤ 气垫一次只可接救一人，连续使用时，应控制下跳时间间隔。

⑥ 禁止在地面或坚硬物体上拖行、摩擦气垫，注意避免尖锐物体，日常训练最好垫上护垫。

⑦ 救生袋使用时要避开着火位置，上端要固定牢靠，下滑人员应张开双臂控制速度。

2. 救生气垫、救生袋的维护保养

① 每次使用后，对气垫、救生袋进行清洁保养。

② 经常检查气垫、救生袋是否完好无损，如发现有异常现象，停止使用。

③ 电动鼓风机旋转部位保持润滑，检查电线破损，防止漏电。

④ 机动鼓风机及时补足燃油、机油，定期检查清洗"三滤"，使用满40h时检查更换火花塞，其余按发动机保养要求保养。

七、救生软梯

救生软梯是一种可以卷叠收藏在包装袋内的移动式梯子，见图4.18。主要在楼层、大型船舶等发生火灾或其他意外事故通道（楼梯）被封时，用以营救被困人员。

图 4.18　救生软梯

使用与维护：使用时必须挂靠牢固，视情加挂副梯；要做好日常养护，防止虫蛀和霉变。

第六节　消防通信器材

消防通信，是指利用有线、无线、计算机通信设施以及简易通信方法，以传送符号、信号、文字、图像、声音等形式表述消防信息的一种专用通信方式。消防通信的作用可简单归结为报警、调度、灭火救援现场通信三个方面。

消防通信按技术组成可分为三类：即有线、无线、计算机通信。

① 有线通信是由消防有线通信设备与邮电线路中的消防专用线路组成的通信网。它是"119"火灾报警的基本方式。

② 无线通信是利用无线电通信设备传递消防信息，能够增加通信的有效距离，扩大消防通信的覆盖面，是火场与救灾现场通信的主要方式。

③ 计算机通信是利用计算机技术处理与灭火救援战斗有关的信息、命令，是实现消防通信自动化的主要方式。

一、操作有线、无线通信器材

1. 有线通信器材的操作使用

（1）电话机　是电话通信的终端设备，主要由通话设备（送话器、受话器、送受话电路）、信号设备（收铃器、按键盘、双音频发号电路）、转换及附加设备组成。

① 接听电话要迅速、准确，说话文明礼貌。如果信号不好或听不清对方讲话声音，不能使劲拍打话筒、敲击键盘，应及时检查电话线插头是否接实。

② 通话完毕应挂断、按实话筒，不能随意将话筒放置座机上。

③ 拨打电话时要认真分辨信号音，当听到忙音时，应立即挂机，稍等片刻再拨号。

④ 电话监听不得超过 3s，禁止在一条线路上连续监听。

（2）有线广播系统　由音源设备（磁带卡座、CD 座、收音模块以及音频均衡器等）、扩大机、音频线路、线间变压器以及扬声器组成，固定安装在城市消防通信指挥中心和消防队（站）建筑物内。用于下达出动命令和传递其他信息。当加装会议电话设备时，也可组织电话会议。

① 开启有线广播的电源/音量调节旋钮，观察状态指示灯是否闪亮；确认话筒与上音源设备、扩大机是否连接牢固；将音量旋钮调整到适当位置，并试着对话筒发话试音，直听到扬声器中没有尖利噪声才能正式广播。

② 讲话时要清楚流利、间隔分明、平稳均匀。话筒与嘴的距离保持 10cm，话筒倾斜 45°左右。

③ 不要使劲扭绞、拉扯音频线路；磁带、CD 卡住后不要拍打、撬拉音源设备。

2. 无线通信器材的操作使用

（1）无线通信器材　主要有固定式电台（基地台）和移动式电台两种。固定式电台（基地台）是指安装在调度指挥中心和中队通信室的固定不动的无线电台。

移动式电台包括：车载电台、手持电台、头盔式电台三种。车载电台是安装在通信指挥车和其他消防车上的无线电台。手持电台是用于火场指挥员、通信员和战斗员之间联络的便携式无线电台。头盔式电台是指受话器佩戴在战斗员头盔内部，它的收发转换由喉式或话控式装置来实现。

（2）无线电台使用前的检查内容

① 电台（固定台）安装是否牢固。

② 电源、电压是否正常，电源指示灯是否闪亮。

③ 天线馈线插座、电源插头连接是否良好。

④ 通信区域内的通信状态的清晰度是否正常；噪声消失点变化是否大。

⑤ 送话器的按键开关按下去后是否工作。

⑥ 各个旋钮开关是否放在正确位置。

⑦ 电台附件是否配带齐全。

（3）无线电台的操作使用

① 电台开、关的操作　打开电源/音量调节旋钮（POWER/VOL），观察状态指示灯（LED）是否闪亮；确认信道选择旋钮（CHANNEL）置于预定信道上，将音量调整到适当位置，并试着按下、松开 PTT 键对着送话器发话、收话。通话完毕后，关闭电源/音量调节旋钮（POWER/VOL）即可。

② 收话　收话时，对方如有模糊字句时不能随意猜想，应及时核对，请对方重复。在话文收妥后，根据话意回答"是"或"明白"。

③ 发话　发话时，话筒与嘴的距离保持 10cm，话筒倾斜 45° 左右，按键必须按紧、压实。戴呼吸器或防毒面具发话时，声音要大些，话筒尽量靠近呼气阀门。信号不好或干扰大时，声音要大，发话慢些，并应重复数遍。

④ 记住数码读音

数码	1	2	3	4	5	6	7	8	9	0
读音	幺	两	三	四	五	六	拐	八	钩	洞

⑤ 改频　在联络中如遇到干扰或其他原因，双方可以沟通联络改换频道通话，按照呼频表或预先规定的频道继续进行通话。

⑥ 转信　如果有第三方因无法沟通或信号太差需要传话给其他人时，而己方电台与其他人均能顺利通话，则应及时为第三方传话给其他人。

⑦ 通话规则　如为双工电台，双方可以同时收话，省去回答。若为同频单工电台，则双方在收发话时一定要配合默契，按下按键时才能发话，话毕立即松开按键，等待对方发话。

二、计算机通信技术应用

1. 利用计算机绘制图表

利用计算机绘制消防专业图表方便、快捷、准确，易于修改

保存。

2. 熟悉掌握计算机通信系统设备

① 主机是承担数据处理的计算机系统，具有多重处理能力，配备大容量存储器以及数据库系统。

② 外设终端包括显示器、打印机等。

③ 执行终端包括卡片提取装置、实力显示、地理信息显示和车载终端，用于把调度指挥信息通过无线方式传送给设在通信指挥车上的计算机终端并加以打印和显示，供火场指挥使用。

④ 传输设备可把调度指挥信息传送到有关终端设备。

⑤ 中队远程终端包括计算机、电脑显示器、打印机等设备，设置在中队通信室内，是消防调度指挥中心计算机通信系统的执行机。在主机的控制下完成显示、打印（接警、调车、出动的时间）和控制各种联动装置（警铃、警灯、扩音、录音、录像监控、开启车库门、查询气象等）。

三、通信装备的日常维护保养

消防通信装备依照其用途及来源可分为专用装备和通用装备两大类。专用装备主要包括火警受理台、火警终端台、火警实时录音录时装置、消防实力显示装置及消防用程控交换机等；通用装备主要指无线电通信设备、有线通信设备、广播设备以及计算机设备等。

1. 有线通信设备的日常维护保养要求

① 设备在使用过程中，应避免剧烈震动、撞击和跌落。

② 设备应经常保持干燥、清洁和通风良好，防止灰尘和水分进入机器内部。

③ 话机要轻拿、轻放，扳动频道开关或按下按键不要用力过猛，切勿用力猛拉或挤压设备电缆。

④ 不要将高热、腐蚀性物体靠近或放置在设备上，防止设备受损。

⑤ 使用人员必须熟悉机器设备的基本性能，遵守操作规程；

严禁非使用人员上机操作。

⑥ 使用时，要时刻观察设备运行情况，发现故障及时停机进行维修，绝对禁止机器设备带"病"运行。

⑦ 制定定期检查保养制度，一般每半年对设备主要部位进行一次检查保养；每年年底对设备进行全面维护保养。

2. 无线电台的日常维护保养要求

① 无线电台应安装和放置在清洁、干燥、通风和背阴的地方。

② 无线电台应避免剧烈震动、撞击和跌落。

③ 电台和天线应保持清洁，防止灰尘和水分进入电台、天线内部和送话器、扬声器中。

④ 插（拔）送、受话器插头时，应用手握紧插头，不能用手直接拔插头上的电缆。

⑤ 转动各种开关和电位器时，用力要适度，切勿过猛，以免损坏部件。

⑥ 馈线插（接）头一定要与天线座插（拧）紧，电台不能在没有接上天线的情况下就置于通话状态。

⑦ 在安装电池以及对电池组进行充电时，注意检查电池的极性，不能接反。在充电过程中，如发现电池膨胀或电压高于标称值的 20％时，应立即停止充电。充电后，应先拔掉充电器插头，然后关闭充电器电源，以防止电池放电。

3. 计算机的日常使用维护保养要求

① 保持计算机房的清洁卫生和通风良好，注意计算机的防尘、防水、防潮，避免剧烈震动、撞击和跌落。

② 保证计算机电源的稳定、安全，在计算机运行中注意保存文件，避免因意外断电造成计算机内数据的丢失。

③ 计算机的打开和关闭要符合标准的操作程序，切不可在应用程序运行中关闭电源。

④ 禁止非操作员随意上机操作或玩游戏等，注意日常重要文件数据的备份。

⑤ 注意防范计算机病毒的侵害，安装并及时更新杀毒软件。

不随便登录外部网站，不使用盗版软件和有病毒的外部硬盘、软盘、光盘和 U 盘等。

第七节　消　防　车

　　消防车是配备于消防队、执行灭火救援等消防业务所使用的机动车辆的总称。它装配有灭火救援器材、灭火救援设备以及灭火剂，承载消防人员，可机动、高效地完成火灾扑救、灾害和事故救援等多项任务，是消防部队装备的主体。

　　消防车在火灾扑救和抢险救援中所以能发挥独特的威力，主要依赖于汽车的快速性和机动性、车载装备及随车消防器具的独特功能和灭火威力。消防车的技术水平，反映了一个国家消防装备的水平，甚至体现该国整个消防事业的水平。

一、消防车分类

　　消防车的分类方法，各个国家的规定不尽相同，习惯上消防车通常按功能、汽车总质量、水泵位置进行分类。

1. 按功能分类

　　消防车按各自功能的不同，可分为灭火消防车、举高消防车、专勤消防车、后援消防车四大类。

　　（1）灭火消防车　指可喷射灭火剂并能独立扑救火灾的消防车。这类消防车主要包括泵浦消防车、水罐消防车、泡沫消防车、干粉消防车、二氧化碳消防车、联用消防车等。

　　（2）举高消防车　指具有举高救援和灭火作业等功能的消防车。主要有云梯消防车、登高平台消防车和举高喷射消防车。

　　（3）专勤消防车　指不直接用于灭火，而用来执行灭火救援中某专项或某几项技术作业的消防车。如通讯指挥消防车、照明消防车、抢险救援消防车、排烟消防车、火场勘察车、消防宣传车等。

（4）后援消防车 指向火场补给各类灭火剂、消防器材以及后勤保障的消防车。如泡沫液贮罐车、供水消防车、消防器材车等。

2. 按汽车总质量分类

消防车通用底盘按其承载能力分为：轻型系列底盘、中型系列底盘和重型系列底盘。各系列承载能力见表4.5。

表 4.5 消防车通用底盘按其承载能力分类

消防车通用底盘类型	轻型系列	中型系列	重型系列
底盘承载能力/kg	500～3000	5000～6500	＞8000

我国消防车基本上选用通用汽车底盘改装，目前轻型消防车主要选用北京吉普、五十铃等底盘改装；中型消防车主要选用东风、解放等中型底盘改装；重型消防车主要选用斯太尔、红岩等底盘改装。各种消防车的研发必须符合国家技术法规，通过国家消防装备质量监督检验中心检验。

3. 按水泵安装位置分

根据水泵的安装形式分为前置式、中置式和后置式三种，目前大部分消防车都是中置式或后置式；前置式的消防车早期较多，现在很少，因为从发动机主轴前端的输出功率小，与轴功率大的泵不匹配，整车布置不好。我国大部分中型消防车水泵是中置式，安装在乘员坐垫下方，节省了空间。重型消防车采用后置式，便于操作维护。

二、消防车型号编制

消防车的产品型号包含消防企业名称代号、消防车类别代号、消防车主参数代号、消防车产品序号、消防车结构特征代号、消防车用途特征代号、消防车分类代号、消防装备主参数代号，必要时附加企业自定代号（表4.6）。消防车产品型号由一组汉语拼音字母和阿拉伯数字组成的编号，为避免与数字混淆，不应使用汉语拼音字母中的"I"和"O"。型号编制方法如图4.19所示。

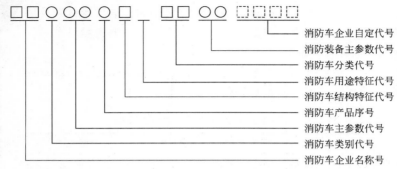

图 4.19　消防车型号编制方法

表 4.6　消防车结构特征代号、消防车类别代号、消防装备主参数代号含义表

序号	消防车名称	结构特征代号	分类代号	消防车主参数代号	
				含义	代号单位
1	水罐消防车	G	SG	额定水装载量	100kg
2	泡沫消防车	G	PM	水、泡沫额定总装载量	100kg
3	供水消防车	G	GS	额定水装载量	100kg
4	供液消防车	G	GY	额定泡沫液装载量	100kg
5	A 类泡沫消防车	G	AP	水、泡沫液额定总装载量	100kg
6	机场消防车	G	JX	额定灭火剂装载量	100kg
7	供气消防车	T	GQ	充气泵的供气能力	m^3/h
8	泵浦消防车	T	BP	水泵额定流量	L/s
9	干粉消防车	T	GF	额定干粉装载量	100kg
10	干粉泡沫联用消防车	T	GP	灭火剂总装载量	100kg
11	干粉水联用消防车	T	GL	灭火剂总装载量	100kg
12	二氧化碳消防车	T	ER	额定二氧化碳装载量	kg
13	后援消防车	T	HY	额定灭火剂装载量	100kg
14	抢险救援消防车	T	JY	抢险救援器材件数	件
15	排烟消防车	T	PY	排烟机额定流量	m^3/s
16	照明消防车	T	ZM	发动机组额定功率	kW

序号	消防车名称	结构特征代号	分类代号	消防车主参数代号	
				含义	代号单位
17	高倍泡沫消防车	T	GP	泡沫液、水额定装载量	100kg
18	排烟照明消防车	T	PZ	发电机组额定功率	kW
19	高倍泡沫排烟消防车	T	PP	排烟机额定流量	m³/s
20	自卸式消防车	T	ZX	装载箱总质量	100kg
21	水带敷设消防车	T	DF	携带水带总长度	m/100
22	化学事故抢险救援消防车	T	HJ	化学救援器材件数	件
23	化学洗消消防车	T	HX	洗消液装载量	100kg
24	登高平台消防车	J	DG	最大工作高度	m
25	云梯消防车	J	YT	最大工作高度	m
26	举高喷射消防车	J	JP	最大工作高度	m
27	器材消防车	X	QC	消防器材件数	件
28	勘察消防车	X	KC	火场勘察器材件数	件
29	通讯指挥消防车	X	TZ	通讯指挥设备总功率	W
30	宣传消防车	X	XC	专用设备数	套

编制型号举例：苏州捷达消防车辆装备有限公司生产的第一代水罐消防车，装载水 15000L，其型号为 SJD5320GXFSG150；震旦消防设备总厂生产的第三代泡沫消防车，载泡沫液及水 6500L，其型号为 ZDX5172GXFPM65；上海消防器材总厂生产的抢险救援消防车，抢险救援器材共 73 种，其型号为 SHX5100TXFQJ73。

三、水罐消防车

以消防水泵（含低压、高低压与中低压消防泵）、水罐、消防水枪、消防水炮等消防器材为主要消防装备，可以独立进行灭火战斗的灭火消防车为水罐消防车，它是消防部队最常见的装备，是消防队伍拥有量最大、使用最普遍、最基本的消防车。

水罐消防车主要以水作为灭火剂，用来扑救房屋建筑和一般固

体物质（A类）火灾。如与泡沫枪、泡沫炮等泡沫灭火设备联用，可扑灭油类火灾；当采用高压喷雾射水时，还可扑救电气设备等火灾。此外，还可用于火灾运水、供水等。

常用的水罐消防车主要有中型和重型两种，目前水罐消防车仍以中型水罐消防车为多。

水罐消防车主要采用中型和重型汽车底盘改装而成。改装水罐消防车所采用的国产中型汽车底盘主要有解放 CA1091CA1140 和东风 EQ1092FJ、EQ1141G 等，采用的国产重型汽车底盘主要有斯太尔 ZZ1192BL461、解放 CA1260P2K1TI 等，此外国外汽车底盘五十铃 FVZ34N 及奔驰 2629 等，也较为常用。

1. 水罐消防车结构

中型水罐消防车和重型水罐消防车可分为带水炮和不带水炮两种。不带水炮的水罐消防车一般为中型车，主要由乘员室、水泵及其管路系统、水罐、取力器、器材箱、附加冷却器等组成。带水炮的水罐消防车（多为重型车）是在不带水炮消防车的基础上，增加了水炮、水炮出水管路以及水炮回转和俯仰操作机构等，如图4.20所示。

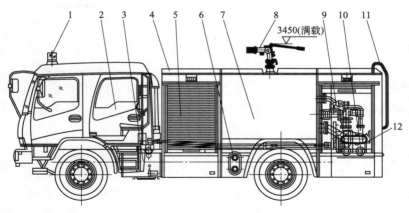

图 4.20　带水炮的水罐消防车

1—警灯及信号系统；2—乘员室；3—取力器；4—梯架；5—前器材箱；6—注水口；
7—水罐；8—水炮；9—离心泵及泵房；10—出水口；11—后梯；12—进水口

水罐消防车通常是在普通载重车的底盘上增装水罐消防车灭火系统，包括水泵、引水装置、取力装置等，如图 4.21 所示。

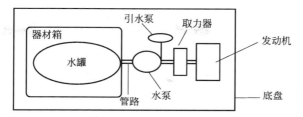

图 4.21　水罐消防车灭火系统原理示意图

2. 性能参数

我国消防车生产厂商已有 20 多家，品种多，各厂生产的消防车的性能参数不尽相同。但是消防车的底盘参数与改装前的底盘参数应一致，灭火性能的主要指标反应在水罐的容量、水泵的供水性能（即流量与扬程、引水时间等）。平时根据这些参数来拟定灭火预案，确定派往火场所需车辆数，组织灭火演练。灭火时指挥人员根据这些参数临机果断决策，确定合理的灭火强度（可视同有效灭火用水量），成功扑灭火灾。

目前，国产水罐消防车主要有近百种型号，部分水罐消防车主要性能参数见表 4.7。

3. 操作使用

（1）用水罐内水　这是最常用的一种方法，消防队接警出动到达现场后停稳，主战车（有些地方称为头车）立即展开战斗，水枪手把水带铺设好就要出水灭火，使用水罐内的水可起到迅速遏制火灾的效果。具体的操作方法如下。

① 使用低压泵水罐车时，铺设水带并将水带等供水器材与水泵出水口连接好；使用中低压泵或高低压水罐车时，首先根据实际情况选择好泵的出水状态，并相应连接好所需类型的水带。使用中压或高压软管卷盘时，应及时打开软管卷盘的盘卷。

② 除低压、中压或高压压力表旋塞打开外，检查各出水阀门、放水旋塞（特别是真空表旋塞）是否关闭。

表 4.7　部分水罐消防车主要性能参数

外形尺寸/mm	7025×2340 ×3000	7300×2480 ×3400	8950×2500 ×3500	9925×2500 ×3500	7670×2500 ×3300
底盘型号	CA1091k 2	FVR34G 五十铃	重庆五十铃 FV234N	北方奔驰 (BENZ) 3229/6×4	斯太尔王 (K38) ZZ3166BL3816
发动机额定 功率/kW	103	169	196	213	193
最高车速 /(km/h)	90	120	95	90	80
满载总质量/kg	9525	14275	21450	31500	≤16000
载水质量/kg	3000	5000	9000	17000	6500
司乘定额/人	1+5	1+5	1+6	1+1	1+5
消防泵型号	CB30/10	CB20·10 /20·40	CB20·10 /30·60	CB40·10 /4·60	CB20·10 /25·50
〔流量/(L/s)〕/(压力/MPa) 低压	30/1.0	40/1.0	60/1.0	60/1.0	95/1.0
〔流量/(L/s)〕/(压力/MPa) 中压		20/2.0	30/2.0		
〔流量/(L/s)〕/(压力/MPa) 高压				4/4.0	
引水时间/s	≤30	35	≤50	≤45	≤45
引水器形式	水环泵	活塞泵	水环泵	水环泵	活塞泵
最大吸深/m	7	7	≤7	≤7	≤7
消防炮 流量/(L/s)	40	50	48	50	95
消防炮 射程/m	55	65	60	55	75～80
类型	中型	中型	重型	重型	重型

　　③ 启动发动机,接合取力器,使水泵低速运转。

　　④ 打开后进水阀门,使水罐水流入水泵。

　　⑤ 打开相应的出水管球阀,根据前方水枪手的需求,操纵油门调整水泵的出水压力,即能供水满足灭火需要。

　　(2)用消火栓水　利用城镇市区道路的消火栓水比较方便,常用的方式有两种。

　　① 用吸水管取水

108

a. 取出吸水管、地上（或地下）消火栓扳手，将吸水管一端与水泵进水口连接，另一端与消火栓的大出水口（>φ100mm）连接，检查各个接口是否牢固，然后用消火栓扳手缓慢打开消火栓开关并开足。

b. 按上述"用水罐内水"操作步骤①、②、③、⑤进行。

② 用水带给水罐补水

a. 取两盘水带，分别接上消火栓两边的出水口，另一端于水罐的补水口相接，未设补水口的消防车，可将水带的端口从水罐人孔盖放进水箱。

b. 按上述"用水罐内水"操作步骤①、②、③、⑤进行。

（3）用天然水源　大部分火灾扑救成功与否，取决于消防车的供水能力，尤其是重特大火灾的用水量大供水时间长，城市消火栓的供水能力往往受到用水高峰和水厂供水压力的影响，不能满足多台消防车同时用水。所以消防车到达火场后，根据火场情况利用天然水源显得非常重要。

① 用水环泵引水

a. 关严水泵与水罐之间的进水总阀，除真空表、压力表旋塞打开外，检查关闭各阀门、旋塞、闷盖。并检查水环泵贮水箱是否加满水，冬季应加防冻液；根据实际情况选择好泵的出水状态，并相应连接好所需类型的水带。使用中压或高压软管卷盘时，应及时打开软管卷盘的盘卷。

b. 启动发动机，变速器操纵杆放入空挡，将取力器操纵手柄向后拉，使水泵低速运转，并注意泵的运转情况是否正常。

c. 水环泵引水的控制方式大致上有两种，一种是机械式，方法是将水环引水手柄推到引水位置（其他车型为向后拉），使水环泵工作；另一种是用电磁离合器控制水环泵工作。

d. 逐步增大油门加速水泵运转，同时注意观察水泵真空表和压力表。当真空表达到一定数值、水泵压力达到 0.2MPa 时，将水泵水环引水手柄复原位，停止水环泵工作。

e. 缓慢打开出水阀，即可供水。根据需要来操纵油门，调节

水泵压力。

② 用喷射泵引水器引水

a. 关闭各球阀（真空表、压力表除外），根据实际情况选择好泵的出水状态，并相应连接好所需类型的水带。使用中压或高压软管卷盘时，应及时打开软管卷盘的盘卷。

b. 启动发动机，将变速器操纵杆放入空挡。

c. 将排气引水手柄向后拉，使排气引水器工作，逐渐加大油门，提高发动机转速。

d. 当真空表指示一定的真空值，指针左右摆动不再上升时（说明泵内已进水），拉动取力器操纵杆，挂上泵挡，使水泵工作。同时迅速将排气引水手柄复位，停止排气引水器工作。

e. 当水压升至 0.2MPa 时，即可打开出水球阀向火场供水。并按需要操纵油门调节水压。

（4）用空气泡沫

① 取出水带、空气泡沫枪及其吸液管。将水带与水泵出水管连接好，吸液管插入空气泡沫液桶内，将泡沫枪启闭手柄扳至吸液位置。

② 按水泵使用方法供水，控制好水泵压力，以满足空气泡沫枪标定的进口压力，空气泡沫即从枪口喷出。

③ 灭火后应清洗空气泡沫枪及吸液管。

4. 水罐消防车维护保养

水罐消防车能否在灭火中充分发挥设计性能，经久耐用，除了取决于设计及制造工艺水平外，还与正确的使用保养有很大的关系。水罐车在使用中发生故障或技术性能下降，主要原因是由于使用不当、保养不良和自然磨损等引起。为使消防车经常处于良好的技术状态，保障灭火战斗顺利进行，必须及时维护保养。

（1）离心泵及引水装置

① 润滑。水泵累计运转 3～6h，有齿轮箱的应检查润滑油是否下降，下降的及时补充；及时对水泵轴的尾部支承、中部支承加注润滑脂。

② 水泵使用过后，应及时放掉泵内、管路内的存水，防止腐

蚀和冻裂。水泵进出水口用闷盖盖好；并在螺扣处涂上润滑脂。

③ 定期清除排气引水器的积炭。

④ 冬季水环泵贮水箱在平时应添加防冻剂。防冻剂由水和酒精配制而成，其配制方法如表4.8所示。

表4.8　不同冰点下防冻剂的配比

冰点/℃	水/L	90%变性酒精/L
—10	8	4
—20	6.5	5.5
—30	5.5	6.5
—40	3.5	8.5

⑤ 定期对离心泵及引水器装置的最大吸深、引水时间、最大出水量进行实测，凡不符合性能指标时，应及时修复。

（2）灭火器材及附件

① 检查器材附件是否齐全，位置固定可靠，经常保持清洁干燥，技术性能良好。

② 经常检查吸水管、水带、水枪、各类消防器材的密封橡胶垫圈是否齐全，如有缺损应及时更换补充。

③ 附加冷却器在严寒季节使用后，应及时用排气引水器将进、回水管路内存水抽出。

（3）消防车底盘部分　其维护保养按原车要求进行。此外，根据消防车要适应能迅速出动的要求还必须：

① 车库应清洁、干燥、出入方便、有必要的维修点，并应设有保温装置；

② 及时加添燃油、润滑油、冷却水。车辆达到四不漏（即不漏油、水、气、电）；

③ 检查轮胎气压及风扇皮带紧度是否符合标准；

④ 经常检查、保养灯光、信号、喇叭及蓄电池，保证其工作良好；

⑤ 定期检查发动机、取力器、水泵等运转是否正常，有无异常响声。做到经常保持全车整洁；润滑良好；紧定可靠、调速适当，使车辆处于良好的战斗状态。

（4）在使用中注意事项

① 水罐车用过咸水或矿泉水后，应将水泵系统、管路及水罐进行清洗，以防腐蚀。

② 离心泵工作后，应将附加冷却器开关打开，进行强制冷却，改善发动机冷却条件，保证发动机在正常温度下工作。

③ 水泵不能无水工作，或有水工作而长时间不供水，会导致水泵过热加速水泵磨损或密封垫圈损坏。

④ 用消火栓水或本车水罐内水时，不使用引水装置。

5. 水罐消防车常见故障及排除方法

水罐消防车常见故障主要发生在水泵、真空管路、压力管路及引水装置等处，表现为水泵抽不上水，水泵出水量不足，以及水泵中断出水等。其常见故障及排除方法见表 4.9。

表 4.9　水罐消防车常见故障及排除方法

故　　障	表现特征	原因分析	排除方法
泵 流 量 不足	出水压力不高，真空度很高	泵进水口部分堵塞	清除
		滤水器部分堵塞	清除
		吸水管内壁胶布剥离	更换吸水管
	出水压力不高，发动机运转正常	流量要求超过泵供水能力	减少水枪数量或口径
		泵内叶轮损坏	更换叶轮
		泵内密封环磨损或烧蚀	更换密封环
	出水压力不高，发动机运转缓慢	发动机有故障	检修、调整发动机
泵 引 不 上水	真空表无真空度指示或真空度指示值很低	泵系统漏气 1）吸水管连接处漏气 2）吸水或真空管道接头处漏气 3）吸水或真空管道破裂 4）放余水阀未关闭 5）另一侧吸水口未关闭 6）泵的轴封装置失密 7）球阀磨损或其他阀门芯 8）轴磨损漏气	逐项检查排除

故　障	表现特征	原因分析	排除方法
泵引不上水	真空表无真空度指示或真空度指示值很低	滤水器沉入水中太浅	滤水器沉入水下20cm以下
		发动机转速太低	调整发动机转速
		引水操纵机构失灵	调整
		水环泵中存水太少	给贮水箱加满水
		废气引水器喷嘴积炭过多	拆卸清除
		引水泵其他故障	修复或调整
	真空度指示值很高	滤水器底阀失灵	排除
		滤水器埋入泥中	清除泥沙后适当提升
		吸水管内壁胶层剥离	更换吸水管
		泵吸入口滤网堵塞	清除
		吸水高度太大	降低吸水高度
出水中途自然落水	压力表无压力指示，发动机转速正常	泵进水管漏气	排除
		滤水器露出水面	将滤水器放入水中
		吸水管局部造成中间高两头低,高部位产生空气囊	重新布置吸水管,使其从进水口到滤水器逐渐降低
泵发出噪音或振动	泵运行有噪音或有振动	砂石、杂物进入泵内	清除
		叶轮摩擦泵壳	修复
		泵轴变形	修复或更换
		轴承间隙过大或轴承损坏	调整间隙或更换
		给水管道内阻过大	调整
		管道或水泵轴封不严	排除
		吸水高度过大	降低吸水高度

四、泡沫消防车

　　泡沫消防车指装配有水泵、泡沫液罐、水罐以及成套的泡沫混合和产生系统，可喷射泡沫扑救易燃、可燃液体火灾的灭火战斗车

辆。泡沫消防车主要装载水和泡沫。泡沫消防车的主要用途是以泡沫灭火为主，以水灭火为辅。它除适用于扑救房屋建筑等一般固体物质火灾和水罐消防车的所有适用范围外，特别适用于扑救石油及其他易燃、可燃液体火灾。

1. 泡沫消防车的结构

泡沫消防车主要采用解放、东风、黄河和斯太尔等汽车底盘改装而成，除保持原车底盘性能外，车上装备了较大容量的水罐、泡沫液罐、水泵、引水系统、取力系统、水枪及成套泡沫设备和其他消防器材等。

泡沫消防车主要由乘员室、车厢、泵及传动系统、泡沫比例混合装置、空气泡沫—水两用炮及其他附加装置组成，图 4.22 所示为载炮泡沫消防车。不同厂家生产的泡沫消防车的输液管路、泡沫比例混合装置等有一定的区别，图 4.23 为奥地利卢森堡泡沫消防车泡沫灭火系统示意图。

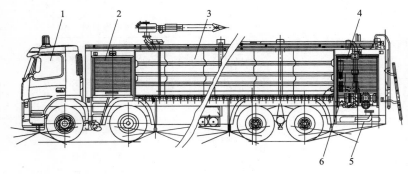

图 4.22 载炮泡沫消防车

1—驾驶室；2—器材箱；3—泡沫液罐、水罐；4—泵房；

5—传动系统；6—水泵及管路

2. 泡沫消防车的性能参数

泡沫消防车有载炮泡沫消防车和不载炮泡沫消防车两种类型。目前，国产泡沫消防车有 20 种型号，分为中型泡沫消防车和重型泡沫消防车两种类别。部分泡沫消防车主要参数见表 4.10。

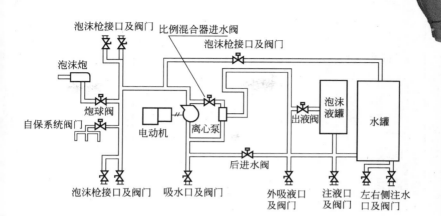

图 4.23　泡沫消防车泡沫系统原理及构成

3. 泡沫消防车的操作使用

（1）加注泡沫液　向泡沫消防车的泡沫液罐加注泡沫液有三种方法：一是从入孔口直接加入；二是用专用泡沫输液泵加入；三是用原车的压缩空气，将泡沫液桶的泡沫液压入。第三种方法操作步骤如下。

将吸液管、充气接嘴、轮胎打气用的软管及接头接好；启动发动机，使消防车贮气筒内的压缩空气有足够的压力；先关闭空气泡沫比例混合器，打开通向泡沫液罐的进液阀。然后，将打气软管接头与充气接嘴接合，使压缩空气进入泡沫液桶。于是，泡沫液在压缩空气的作用下进入泡沫液罐。当桶内的泡沫液被压送完时，必须立即关闭贮气筒的放气阀和泡沫液罐的进液阀，以防大量空气充入泡沫液。

（2）使用泡沫灭火

① 用泡沫罐内贮存的泡沫（内吸泡沫液产生泡沫）　内吸泡沫液是指空气泡沫比例混合器从消防车泡沫液罐内吸取泡沫液。

内吸泡沫液产生泡沫，其方法步骤如下。

a. 将水带一端接泵出水口，一端接空气泡沫枪。

b. 将空气泡沫枪启闭手柄放在"混合液"或"水"的位置上。

消防员读本

表 4.10 部分泡沫消防车主要性能参数

项目		SGX5130GXFPM50	SJD5140GXFPM45	SJD5310GXFPM15	SZX5190GXFPM80
外形尺寸/mm		8330×2470×2950	7240×2480×3300	11000×2500×3650	8500×2500×3500
底盘型号		EQ1132FJ	EQ1108G6DJ16	沃尔沃 FM12 8×4	斯太尔 ZZ1192L4610
发动机额定功率/kW		99	118	279	191
最高车速/(km/h)		85	90	90	90
满载总质量/kg		13150	10300	31000	19000
灭火剂质量/kg	水	4000	3000	12000	6000
	泡沫液	1000	1500	3000	2000
司乘员额/人		1+5	1+5	1+2	1+5
消防泵型号		CB40.10/4.30	CB20.10/15.30	PSP1500	BZ25/60
[流量/(L/s)]/(压力/MPa)	低压	30/1.0	30/1.0	95/1.0	60/1.0
	中压		15/2.0		30/2.0
	高压	2/3.5			
引水时间/s		≤30	35	80	45
引水器形式		水环泵	水环泵	电动真空泵	刮片泵
最大吸深/m		7	7	7	7
消防炮	流量/(L/m) 水	25	28.2	95	48
	混合液	24	24	95	48
	射程/m 水	≥48	45~50	75~80	65
	泡沫	≥40	40~45	70~75	60
类型		中型	中型	重型	重型

c. 启动水泵供水。

d. 打开通向空气泡沫比例混合器的压力水旋塞。

e. 加大油门，调整离心泵出水压力，使之达到空气泡沫枪标定的压力值。

f. 旋转空气泡沫比例混合器上的阀芯，将指针指在空气泡沫枪标定的泡沫液定量孔位置上。

g. 打开泡沫液进液阀，空气泡沫比例混合器便连续不断地定量吸入泡沫液。

② 外吸泡沫液产生泡沫　外吸泡沫液，是指空气泡沫比例混合器从车外的泡沫液桶内吸取泡沫液。外吸泡沫液产生泡沫的具体方法如下。

a. 关闭泡沫液进液阀，打开外吸泡沫液的闷盖，接上外吸液管并将其插入泡沫液桶内。

b. 打开充气接嘴，使泡沫液桶内与大气相通。然后，再按内吸液的方法步骤进行。

（3）自吸泡沫液产生泡沫　自吸泡沫液，是指空气泡沫枪通过吸液管直接从泡沫液桶内吸取泡沫液。自吸泡沫液产生泡沫的具体方法如下。

① 将水带一端接水泵出水口，一端接空气泡沫枪。将吸液管一端接空气泡沫枪吸液口，另一端插入泡沫液桶内。

② 打开泡沫液桶上的充气接嘴，使泡沫液桶内与大气相通。

③ 将空气泡沫枪的启闭手柄放在"吸液"位置上。然后，再按内吸液的方法进行。

无论采用上述三种方法中的任何一种方法产生泡沫灭火。灭火后都应清洗泵、空气泡沫比例混合器、空气泡沫枪及管路。

4. 泡沫消防车的维护保养与故障分析

泡沫消防车泡沫系统常见故障主要有两种，一是泡沫枪只喷射水，不喷射或中断喷射空气泡沫；二是喷射出的空气泡沫质量异常，其故障原因及排除方法是见表 4.11。

表 4.11　泡沫系统常见故障及排除方法

故障现象	原　因	排除方法
枪或炮只喷射水，不喷射或中断喷射空气泡沫	1)气气泡沫比例混合器未打开 2)水源压力大于 0.049MPa,空气泡沫比例混合器不能吸取和输送泡沫液 3)泡沫液罐上的通气孔被堵塞 4)泡沫液罐上的充气孔未打开 5)吸取泡沫液的管路系统阀门未打开或被堵塞 6)吸液管未被拧紧或橡胶垫片损坏、脱落	1)开启混合器 2)取用压力小于 0.049MPa 的水源 3)清除堵物 4)打开充气嘴 5)打开阀门,清除堵物 6)拧紧或配上新的橡胶垫片
喷射的空气泡沫质量异常	1)空气泡沫比例混合器的吸液量与枪或炮的标定值不配 2)枪或炮的吸气孔被堵塞 3)发泡网损坏 4)泡沫液变质	1)按规定值旋转混合器阀芯 2)清除堵物 3)调整发泡网 4)调换泡沫

五、干粉消防车

干粉消防车以干粉为灭火介质，惰性气体作为动力，通过干粉喷射设备在瞬时大量地喷射干粉灭火剂，来扑救可燃及易燃液体、气体及电气设备等的火灾，也可扑救一般物质火灾。灭火速度快、效果好，可以独立进行灭火战斗的基本消防车辆。

我国干粉消防车主要采用解放、东风、斯太尔、五十铃等汽车底盘改装，仍保持原车底盘性能。车上装备干粉罐、加压装置、整套干粉喷射装置及其他消防器材。干粉消防车按发射干粉动力源的不同分为贮气瓶式干粉消防车和燃气式干粉消防车两种。贮气瓶式干粉消防车，是指由贮气瓶贮存的压缩气体或液化气体释放的能量驱动喷射干粉的消防车。燃气式干粉消防车，是指由燃气发生器内产生的燃气驱动喷射干粉的消防车。目前，燃气式干粉消防车已很少使用。

少数干粉消防车在装备一套干粉灭火系统的同时，还装配有消防水泵及其管路系统，使干粉车同时具有泵浦消防车的功能。

1. 干粉消防车的结构

贮气瓶式干粉消防车主要由乘员室、车厢、干粉氮气系统及水泵系统等组成。干粉氮气系统是贮气瓶式干粉消防车的主体部分，它主要由动力氮气瓶组、干粉罐、干粉炮、干粉枪、输气系统、出

粉管路、吹扫管路、放余气管路及各控制阀门和仪表等组成。图
4.24 为贮气瓶式干粉消防车结构示意。图 4.25 为德国 MINIMRX
干粉消防车干粉灭火系统原理及构成示意。

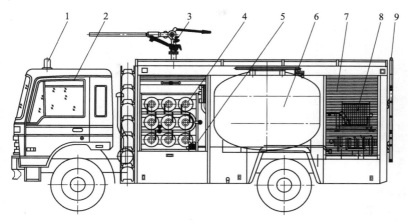

图 4.24　贮气瓶式干粉消防车

1—警灯及信号系统；2—驾驶室；3—干粉炮；4—氮气瓶组；
5—减压阀；6—干粉罐；7—器材箱；8—干粉枪及卷盘；9—后梯

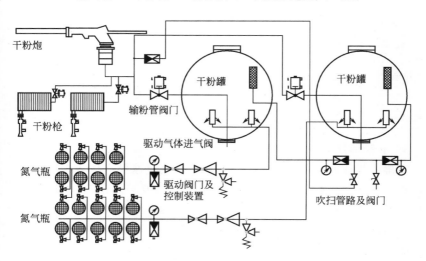

图 4.25　干粉消防车干粉系统原理及构成

2. 干粉消防车的性能参数

除轻型干粉消防车没有配备干粉炮,中型、重新干粉消防车都装备干粉炮。国产干粉消防车的主要参数见表 4.12。

表 4.12　干粉消防车主要性能参数

项目	SXF5100TXFGF20P	SXF5140TXFGF35P	ZDX5190TXFGF40	CX5130GXFGF40
外形尺寸/mm	7200×2400×3320	8300×2500×3300	9500×2500×3500	7910×2480×3200
底盘型号	EQ1092F	EQ1141	STEYR1291	CA1130PK2L2
发动机额定功率/kW	99	132	191	117
最高车速/(km/h)	90	90	95	97
满载总质量/kg	9200	14100	18525	13000
干粉质量/kg	2000	1750×2	4000	3600
氮气瓶数量/只	9	12	18	15
氮气瓶工作压力/MPa	15	15	15	15
司乘员额/人	1+4	1+5	1+2	1+2
干粉炮射程/m	≥35	≥35	≥35	≥40
干粉炮喷射率/(kg/s)	30	30	35	≥40

3. 干粉消防车的操作使用

正确的操作,合理的使用,不仅能使车辆迅速投入战斗,顺利完成灭火任务,而且能保证产品良好的工作性能,延长使用寿命。因此,我们必须予以重视。

(1)检查

① 查各吹扫球阀、放气球阀、进气球阀是否处在关闭位置。

② 查干粉炮上下左右转动是否灵活,挡位调节杆是否放在需

要的位置上。

③ 检查出粉球阀是否处在关闭位置。

在检查时，首先打开气源截止阀，然后打开炮位操纵盒的前后罐出粉换向阀手柄，汽缸即动作，使出粉球阀打开；当操纵盒上两指示灯亮时，表示球阀开启到最大位置。检查完后，将球阀关闭。

在检查试验气瓶阀控制汽缸时，应调节汽缸总成的顶头，以免顶头触发阀门顶杆造成气瓶漏气。

（2）装粉

① 装粉前应检查干粉罐底部放余粉法兰螺栓是否松动，橡胶密封垫是否垫好，如有不当应重新安装，并均匀将螺栓拧紧。

② 打开加粉口盖，检查罐内有无积水、杂物和潮湿结块的剩余干粉，若有应予排除。装粉时，不得将结块干粉或杂质装入罐内，以免堵塞管道造成事故。

③ 安装加粉口盖时，必须将罐口、口盖密封面、密封垫等擦干净，不得有干粉或杂物；以免影响密封而漏气。

（3）操作程序　干粉氮气系统运行流程如图 4.26 所示。打开氮气瓶组，高压氮气经减压阀压力降至 1.4MPa。打开进气球阀，这时，便对干粉罐充气，当罐内压力达到 1.4MPa 时；减压阀处于平衡状态。当打开干粉炮或干粉枪喷粉时，罐内压力降低，这时减压阀又自动开启，继续向干粉罐内补充氮。如此反复进行。

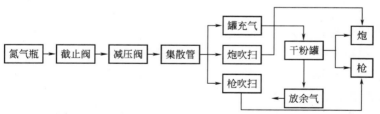

图 4.26　干粉氮气系统运行流程

① 向罐内充气　有气动和手动等操作方法，应严格按照制造厂商的使用说明进行充气。这里介绍常用的手动方法。

a. 打开所有氮气瓶瓶头阀。

b. 调整减压阀，使其压力达到 1.4MPa。在调整减压阀调节螺杆时，动作应缓慢，使压力均匀逐渐达到预定工作压力。

c. 按标牌所示位置打开干粉罐进气球阀，向罐内充气，当罐内压力达到 1.4MPa 时，减压阀处于平衡状态。

d. 干粉罐内的压力数值，可由干粉罐压力表读出。

② 干粉炮操作使用

a. 使用干粉炮前，首先打开炮口闷盖，而后检查炮操纵盒上的各操纵手柄是否处于关闭位置。

b. 调整操纵扶手位置。操作人员根据自己工作需要，可调整操纵扶手的高度。调整时，操作人员手握干粉炮操纵扶手，右手同时扳动右侧扶手下的拉销手柄，扶手便可随意转动，待转到合适位置后，松开拉销手柄，定位销自动复位，即得到所需工作位置。

c. 打开炮定位销。操作时，将炮左侧操纵扶手上的定位销手柄向下按，同时向后拉至开的位置，松开定位销手柄，使其卡入开位置缺口中。干粉炮即可在垂直方向俯仰角 ± 45°、水平方向 ±270°范围内运动。

d. 视火情确定干粉炮喷射强度。当需要不同喷射强度时，可将强度调节手柄按箭头所指方向进行调节。

e. 当干粉喷完后，将罐出粉阀门关闭。如果连续使用，可再打开前罐干粉球阀；即可连续喷粉。灭火后，将前罐干粉阀门关闭。

③ 干粉发射枪的操作使用

a. 使用干粉枪时，只用后罐干粉；因而只需对后罐充气。

b. 打开车厢左侧后下器材箱门，取出喷枪，拉出胶管，对准火源，胶管另一端与后罐干粉快速接头连接；接通出粉管路。

c. 当罐的表压达到工作压力时，打开枪出粉球阀，然后扣动扳机，干粉即从枪口高速喷出。

d. 工作完毕后，关闭后罐进气球阀，枪出粉球阀，待吹扫干净放回原处。

④ 吹扫　喷粉工作结束后，应对炮或枪进行吹扫，清除余粉。

122

a. 打开吹扫总球阀，再打开炮吹扫球阀，对干粉炮进行吹扫；打开干粉枪吹扫球阀，即可对枪及出粉胶管进行吹扫。

b. 吹扫完后，关闭各吹扫球阀。将炮转到原固定位置，把胶管从快速接头上取下，缠到卷车上。

c. 将氮气瓶瓶头阀门关闭；再将气源截止阀关闭。

⑤ 放余气　干粉罐充气后，没有喷粉或罐内干粉只喷出一部分，应将罐内存气放掉。

先打开前后干粉罐放余气球阀进行放气，放完后关闭球阀。然后打开减压阀的泄放阀，将管路内余气放出，气放净后关闭泄放阀。

（4）使用注意事项

① 干粉消防车所携带的干粉灭火剂应适合扑救所发生火灾的类别。

② 严禁将干粉罐消防车停在下风口或逆风喷射。

③ 干粉系统的压力容器和压力管路不得随意敲打和改动，以防发生意外事故。

④ 使用干粉炮喷射干粉时，必须使干粉罐充气至额定压力后再行喷射，否则因压力不足而影响射程和灭火效果。

4. 常见故障及排除方法

干粉消防车常见故障及排除方法见表 4.13。

5. 干粉系统的维护和保养

① 干粉罐为压力容器，用户首先应参照《压力容器安全监察规程》进行维护和检查。

干粉罐每三年进行一次耐压试验，耐压试验采用液压试验，试验时按《压力容器安全监察规程》有关规定进行，干粉罐应进行定期检验。每年至少进行一次外部检验，每三年进行一次内部检验，每六年进行一次全面检验。

② 干粉罐上安全阀开启压力为 1.5～1.6MPa，安全阀每年至少进行一次检验。

干粉炮应经常检查，保证转动灵活，油杯里的润滑脂应加满，每次使用完毕应对出粉球阀及干粉炮进行擦拭清洗。

表 4.13　干粉消防车常见故障及排除方法

故　障	原　因	排除方法
容器及管路漏气	密封处紧固件松动 密封件损坏 连接件损坏	紧固 更换新件
阀门启闭不灵活	调整不当 有异物堵塞或严重锈蚀 润滑不良 密封垫老化	重新调整 清除异物 按规定添加润滑油 更换
各充气阀门过气能力过大	调整不当 零部件损坏	重新更换 更换部件
各充气阀门过气能力过小	调整不当 零部件损坏 异物堵塞	重新调整 更换新件 清除异物
干粉罐充气压力过高	减压阀或衡压阀调整出口压力不当 减压阀或衡压阀内部零部件损坏	重新调整出口压力 更换零件
滤清器过气能力降低	滤清器堵塞	清除
炮或枪喷射度降低	干粉潮湿结块,散粉不良 出粉球阀堵塞	更换药剂、清除异物

③ 车上各种压力表应定期检验,每年至少一次。

④ 所有阀门应经常启闭,以保持开启灵活,关闭可靠。

六、泡沫-干粉联用消防车

对石油化工品火灾,通常首先用干粉迅速控制火势,在喷射部分或全部干粉后即刻喷射泡沫,有效地控制油类和气体类火灾的复燃,从而迅速有效地灭火。也可以同时喷射,已达到较理想的灭火效果。泡沫-干粉联用消防车是指装备有泡沫、干粉两套各自独立的灭火系统和灭火介质,具有独立或联合喷射泡沫和干粉的功能,可适应于上述战术需要,适用于扑救机场、石化企业、油轮码头等的大面积可燃、易燃液体(如油类、液态烃、醇、酯、醚等)、可燃气体(如石油液化气、天然气、煤气等)及带电设备火灾,也可以喷水扑救一般固体物质的火灾。

1. 泡沫-干粉联用消防车的结构

泡沫-干粉联用消防车主要由乘员室、车厢、水泵、水罐、泡沫液罐、干粉罐、气瓶或燃气系统，泡沫炮、干粉炮、干粉枪和器材等组成。

泡沫-干粉联用消防车主要构造如图 4.27 所示。

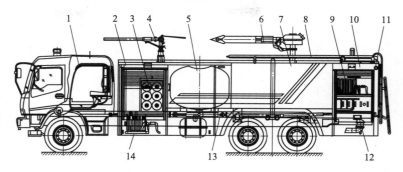

图 4.27　泡沫-干粉联用消防车

1—乘员室；2—车厢；3—氮气瓶；4—干粉炮；5—干粉罐；
6—泡沫炮；7—水罐；8—梯架；9—高压水枪；
10—泵房；11—警灯及信号系统；12—水泵及管路；
13—传动系；14—干粉枪及卷盘

车厢采用半承载式轻型骨架结构，水泵及主要管路安装于车厢后部的水泵房内，泡沫罐和水罐安装在干粉罐的后部；干粉系统装在车厢中部，干粉炮和泡沫炮分置于车厢顶部前后；车厢两侧为装有帘子门的消防器材箱，警报扬声器和警灯装在驾驶室顶部；车后右边装有照明灯，驾驶室与车厢之间装有小梯，供消防员上下车顶使用。整车布局紧凑合理。

（1）干粉系统　本系统主要由气瓶组、集气管路、过滤器、进气管、干粉罐及干粉炮组成，其原理与单独的干粉车系统相似。

（2）水、泡沫系统　水泡沫系统由水泵、泡沫比例混合系统、水罐、泡沫液罐、泡沫-水两用炮及电气操纵系统等组成，其原理与单独的泡沫车系统相似。

2. 泡沫-干粉联用消防车的性能参数

联用车有中型和重型两大类。目前，国产的联用车有中型、重型联用车等多种型号；其主要性能参数见表 4.14。

表4.14　几种泡沫-干粉联用消防车主要性能参数

项目			SXF5132GXFPF50P	SGX5140GXFPF30	SZX5260GXFPF110	SJD5260GXFPF100
外形尺寸/mm			8250×2480×3240	8480×2460×3310	9470×2500×3470	9675×2480×3350
底盘型号			EQ1132F	EQ1141G7DJ2	ZZ1322M340	$CA1260P_2K_1T_1$
发动机额定功率/kW			99	132	206	195
最高车速/(km/h)			85	90	85	90
满载总质量/kg			13200	14300	26000	26000
灭火剂质量/kg	水		2000	1000	7000	5000
	泡沫		1500	300	3000	3000
	干粉		1500	2000	1000	2000
司乘员额/人			1+5	1+5	1+2	1+5
消防泵型号			CB10/30	CB20/20	CB10/80(BS100)	CB20.10/30.60
[流量/(L/s)/(压力/MPa)]	低压		30/1.0	40/1.0	80/1.0	60/1.0
	中压			20/2.0		30/2.0
	高压					
引水时间/s			≤35	≤35	≤80	≤50
引水器形式			水环泵	水环泵	刮片泵	水环泵
最大吸深/m			7	7	7	7
水泡沫炮	流量/(L/s)	水	30	40	80	60
		泡沫	24	32	64	48
	射程/m	水	55	50	80	62
		泡沫	45	45	70	50
干粉炮	喷射率/(kg/s)		25	30	20	30
	射程/m		30	35	25	35

3. 泡沫-干粉联用消防车的操作使用

泡沫-干粉联用消防车可以喷射水、泡沫、干粉三种不同的灭火剂灭火，单独出一种灭火剂灭火时，其操作使用方法分别与水罐消防车、泡沫消防车和干粉消防车相同。更多情况下，在扑救大型油罐火灾或大面积流散液体火灾时，为了取得较好的扑救效果，可采用干粉和泡沫联合使用以发挥不同灭火剂各自的优势。一般情况下，利用干粉灭火剂镇火能力强、灭火速度快的特点，首先使用消防车的干粉灭火系统喷射干粉，在火势基本得到控制的基础上，即可启动消防车泡沫系统，以大量泡沫冷却、覆盖液面，防止火灾复燃。

4. 泡沫-干粉联用消防车的维护保养和检查

① 车库应保持清洁干燥，寒冷季节应保持库内温度在 10℃以上。

② 保持车辆有足够的燃料、润滑油、气源压力，并定期添加更换。

③ 经常检查电路、气路、油路系统是否正常，保持全车仪表、信号、照明灯、开关等完好，工作可靠。

④ 水液罐应贮有充足的水和泡沫液。

⑤ 应定期（每月）试车检查发动机、取力器传动系统、水泵运转是否正常。

⑥ 所有活动部位经常进行润滑，以保证动作灵活、可靠。

⑦ 保证进出水管、吸水管、吸液管等无损伤密封圈完好。

⑧ 在寒冷季节，水泵、出水球阀、附加冷却器使用后应放尽余水，然后打开防冻剂截止阀，向水泵系统注入少量防冻剂。

⑨ 所有阀门应常启闭，以免锈死。

⑩ 每天检查气瓶的瓶头阀、减压阀、阀门、管路等是否有漏气现象。

⑪ 每季度检查一次气瓶内的压力是否符合设计规定，40L 的钢瓶瓶内压力在 13～14.7MPa 之间，若压力低于 11.77MPa，应重新充气。

⑫ 对于平衡式减压阀（恒压阀），应按有关说明书规定检查其密封片的状况。未经专业培训的维修人员不得拆卸减压阀。

⑬ 干粉罐为受内压容器，设计压力 1.5MPa，按照国家有关"压力容器监察规程"维护检查。每三年进行一次耐压试验，水试验压力 1.9MPa 保持 10～30min，然后将压力降至 1.5MPa 至少保持 30min，不得有渗漏现象。

⑭ 干粉罐应定期检查，每使用 3～5 次清理罐内积粉及罐底水分。每年至少进行一次外部检查，每三年进行一次内部检查。

每六年进行一次全面检查，进行内部检查时，可从加粉口进入，须提前打开加粉口盖，使新鲜空气将罐中其他气体换干净，人员方可进罐内。检查中还要对罐内底部单向进气阀进行检查，扭开单向阀帽，查看管道有无干粉堵塞及钢球锈蚀情况，如有堵塞应疏通进气管路，钢球严重锈蚀应更换（钢球直径为 30cm）。

⑮ 干粉罐的安全阀开启压力为 1.5MPa，安全阀每年进行一次定期检验。

七、常规消防车辆维护保养总则

1. 常规消防车保养

（1）水罐消防车的技术保养　除了按原车底盘说明的要求保养底盘及发动机外，一般水罐车分下述两种技术保养。

① 出勤后归队保养：清洁车辆，排除故障。添加燃油、润滑油、冷却水。水泵累计运转 3～6h，应加注润滑油一次。如使用了海水、矿泉水或污水，每次使用后应进行水泵、水罐及其管路的冲洗工作。整理或更换各类灭火器材及附件。排除冷却器、水泵、管路、球阀等处积水。

② 值勤保养：停放车辆的车库应清洁干燥，寒冷季节应有保温设施。

③ 离心泵及引水装置：用完后及时清洗，放尽存水，防止腐蚀和冻裂；不能长时间（超过 3min）无水空转，以防过热而加剧磨损；冬季水环泵引水，小水箱应添加防冻剂；定期清除排气引水

装置的积灰；定期检查水泵及引水装置的性能。经常检查吸水器、水带、水枪及其他消防器材的完好性。

（2）泵浦消防车的技术保养　同水罐消防车的技术保养。

（3）泡沫消防车的技术保养

① 按照底盘使用说明书的要求保养消防车的底盘。

② 按照水罐消防车的维护保养要领，保养泡沫消防车的水路系统及一般消防器材。

③ 按标准定期检测泡沫液，不合格的要及时更换。

④ 每次使用泡沫灭火后，必须认真清洗管道、比例混合器和水泵。注意不能让清水进入还存有泡沫液的罐中去。

⑤ 泡沫液罐要定期清洗，清除沉积物；若发现泡沫液罐有腐蚀现象，应及时修补，无法修补的，应更换新罐。

（4）干粉消防车的技术保养

① 按底盘维修保养说明书的要求定期维修干粉消防车底盘。

② 水路系统的维修保养和清洁、润滑等属于消防车的一般维护保养，方法同水罐消防车。

③ 气体钢瓶瓶阀（二氧化碳钢瓶）、供气总阀、减压阀（衡压阀）、散粉装置、滤清器等均应保持工作正常；各连接处应连接牢固、密封可靠；各受压零部件应无裂痕、破损、碰撞或永久性变形和影响强度的现象。

④ 干粉罐、氮气钢瓶（二氧化碳钢瓶）、燃气发生器和压力管道，每隔 3 年做一次水压强度试验，每 6 年至少进行一次全面检验。试验和检测应按照国家劳动人事部的《压力容器监察规程》和其他有关标准的规定执行。

⑤ 采用干粉-燃气系统的干粉消防车，每次灭火后应及时清除燃气发生器和点火器内部的黑色燃烧生成物，检查燃气发生器的点火器本体电极尖周围的塑料、接线等有无损坏或异常现象，并更换燃气发生器出口处的石棉橡胶垫；每 3 次灭火后，应及时清除燃气发生器出口管道中段的过滤器中的燃气沉积物，更换损坏的过滤器芯片。

2. 车辆日常维护保养

汽车在长期的使用过程中，由于零件自然损坏，管理、使用不当，维护保养质量不高，配件质量与结构方面的缺陷，以及受到运行条件等因素的影响，使车辆动力性、经济性、可靠性与安全性降低，从而出现故障，影响部队的作战、训练、施工及日常工作任务的完成。

（1）出车前检查项目

① 检查燃油、润滑油、液压油和冷却液是否加足；发动机有无异响，工作是否正常。

② 检查转向、传动、制动和牵引装置的技术状况。

③ 检查百叶窗或挡风帘的开闭情况。

④ 检查装载、牵引是否合理和安全可靠；检查轮胎表面和气压，消除胎纹中杂物。

⑤ 检视曲轴箱内机油量，散热器中的水量，燃料箱中的燃料，蓄电池中的电解液，随车工具和备用油料及附件等。

⑥ 检视火花塞、点火线圈、启动机和发电机导线，蓄电池搭铁线连接情况。

⑦ 检视离合器踏板自由行程和转向盘自由转动量。

⑧ 试验喇叭声音、灯光、方向灯及刮水器的工作情况以及室内镜、后视镜是否齐全。

⑨ 检视燃料系、润滑系、制动系、冷却系、点火系中有无漏水、漏油、漏电现象。

⑩ 检查钢板弹簧及 U 形螺栓是否紧固可靠。

（2）行进中检查保养

① 检查轮毂、制动器、变速器、分动器和驱动桥温度是否正常。

② 检查机油、冷却液的液面高度和全车油、水、气有无渗漏现象。

③ 检查装载、牵引情况。

④ 起步行驶阶段应试验转向器、离合器和制动器的功能。

⑤ 在行驶时随时注意听发动机有无异常响声。

⑥ 注意各种仪表的工作情况。

（3）收车后进行检查保养

① 打扫车身内部和外表，清除底盘泥土。

② 检查有无漏油、漏气、漏水及漏电现象，并补充燃料，润滑油及水。

③ 检查前后钢板弹簧螺栓及车轮的紧固情况。

④ 检查风扇叶的紧固情况和风扇皮带的松紧度。

⑤ 检查火花塞、点火线圈、启动机、发电机、调节器及蓄电池导线连接情况，电解液的消耗情况。

⑥ 检查转向机构拉杆和接头连接情况。

（4）日常维护方法与要求

① 清洁作业：清洁是保养作业中首先要做好的工作，是为紧固调整、润滑等保养工作做好准备。

② 润滑作业：润滑的目的主要是减少摩擦，减轻机件的磨损，汽车上使用的润滑油有机油、齿轮油、黄油，它们都有不同的使用部位和要求。汽车发动机曲轴箱常用的润滑油有 6 号、10 号、15 号，号数越大黏度也越大。

具体做法是：6 号汽车润滑油用于气温在零下 20℃ 以上地区；10 号油南方地区常年适用，北方地区夏、秋季适用；15 号油用于南方炎热夏季及磨损较大的发动机上。

传动装置用的齿轮油有黏度大、油性好的特点，分为冬用、夏通用。当缺少柴油时，可以在冬用式通用齿轮油中加 10％～15％ 的 35 号柴油代用。

第五章

灭火技术与战术

第一节　灭火救援预案

灭火救援预案也称灭火救援计划，是实施灭火救援行动的基本依据。制定并执行灭火救援预案，对于有效的实施灭火救援行动，提高灭火救援的成功率具有十分重要意义。

一、制定预案的目的

制定灭火救援预案的目的是：针对设定的不同类型、规模的火灾事故及保卫对象的情况，合理使用灭火救援力量，正确采用各种战术、技术，成功地实施灭火救援行动，最大限度地减少人员伤亡，降低财产损失。

二、灭火救援预案制定的范围

灭火救援预案，是对灭火救援作战有关问题做出预先筹划和安排的消防作战文书，是针对辖区内重点部位可能发生的火灾或其他灾害，根据灭火救援战斗的指导思想和战术原则，以及现有器材装备而拟定的灭火救援行动方案。其制定范围包括：（1）消防安全重点单位；（2）在建重点工程；（3）各类重大灾害事故；（4）重要保卫勤务；（5）跨区域救援行动；（6）其他需要制定灭火与抢险救援预案的单位或场所。

三、预案制定的分类

分类制定灭火救援预案，是指根据预案制定单位将可能发生的灾害事故，按其不同性质和类别所制作的灭火救援预案。其目的在于有针对性地分别研究各类灾害事故发生与发展的规律及其特点，以全面加强灭火救援的各项准备工作。

1. 建筑类

针对具有一定规模（建筑规模由制定单位自定）的建（构）筑物，在可能发生的火灾、爆炸、倒塌等灾害事故情况下所制定的灭火救援预案。

2. 化工类

针对生产、贮存具有一定爆炸危险性的化工产品单位，在可能发生的爆炸、燃烧、有毒气体泄漏等灾害事故情况下所制定的灭火救援预案。

3. 运输工具类

针对轮船、飞机、列车和公路上大型运输车辆，在进出港、起降过程和行驶途中可能发生火灾、爆炸、颠覆等灾害事故情况下，所制定的灭火救援预案。

4. 其他类

除上述三类外，消防队可能遇到的其他灾害事故，根据其规律与特点，所制定的灭火救援预案。

四、预案制定的程序

灭火救援预案制定的程序如下。

1. 确定范围，明确重点保卫对象

消防队应结合责任区的实际情况，确定范围，明确重点保卫对象。

2. 调查研究，收集资料

制定灭火救援预案，是一项细致复杂的工作，为使所制定的灭火救援预案符合客观实际，应进行大量细致的调查研究工作，要正确分析、预测重点单位和部位发生灾害的可能性和各种险情，制定出相应的火灾扑救和抢险救援对策。

3. 确定参战力量和装备

通过科学计算，确定现场救援所需要的参战人员、战斗车辆、保障器材和物资等方面的数量，为完成灭火救援任务提供基本依据。

4. 确定作战意图

根据灾情对灭火救援作战的目标、任务、手段、措施等进行总体策划和构思。其主要内容有：作战目标与任务、战术与技术措施、兵力部署与战斗编成等。

五、预案制定的内容

灭火作战预案的主要内容包括：重点单位或部位基本情况、火情设定、力量部署、扑救对策、供水方法、注意事项等，具体如下。

1. 重点单位或部位基本情况

① 重点单位或部位的名称、地理位置。

② 重点单位或部位的平面布局、建筑特点、建筑面积和高度以及耐火等级。

③ 重点单位或部位生产、贮存物资的性质及生产工艺流程。

④ 重点单位或部位的水源，包括内部水源和外部水源及其他固定、半固定消防设施。

⑤ 重点单位毗邻情况。

⑥ 责任区消防队与重点单位的距离和行车路线。

2. 火情设定

① 主要起火点（为了使火情设定复杂一些，可多确定几个起火点）。

② 起火物品及蔓延条件，燃烧面积（范围）和主要蔓延的方向。

③ 能造成的危害和影响（如可燃液体的燃烧，压力容器的爆炸，建构筑物的倒塌，人员伤亡、被困情况等），以及火情发展变化，可能造成的严重后果等。

3. 力量部署

① 参战车辆停车位置、阵地设置。

② 进攻和退防路线的选定。

③ 各种参战力量的任务分工和作战协同。

4. 扑救对策

① 针对生产、贮存物质的性质、数量应当采取的灭火对策。

② 针对火灾的不同阶段和各种情况所采取的战术、技术措施。

③ 抢救及疏散人员、物资的路线和方法。

5. 供水方案

① 各种水源的利用和取水方式。

② 直接、接力供水或远距离运水方法的选定。

③ 火场用水量和供水能力的计算和估算。

④ 火场供水注意事项。

6. 注意事项

① 参战人员应采取必要的个人防护措施。

② 水枪阵地设置要安全，应能进能退、攻防兼备。

③ 指挥员要密切注意火场上各种复杂情况和险情的变化，适时采取果断措施避免伤亡。

④ 灭火战斗结束后，做好火场清理和移交工作。

⑤ 其他需要特别警示的事项。

六、消防队责任区平面图的绘制

消防队责任区平面图是供消防队掌握责任区消防基本情况、研究灭火救援对策、在发生灾害时选择救援行动路线、调集灭火救援力量、掌握灭火救援实力而使用的平面图。

1. 消防队责任区平面图基本内容

① 标绘责任区与友邻区域的分界线。

② 标绘出消防水源。标示出地上（或地下）消火栓的数量和位置及江河、湖泊、河流、池塘、水渠等水源位置，并分别予以编号注记。

③ 标绘出交通道路的干线、支线，铁路，公路及桥梁、涵洞、隧道、狭路、险路等。

④ 标明重点保卫单位的位置和名称；显示出贮存易燃、易爆、有毒物质，易燃建筑区域等重点部位。

⑤ 标明公安消防站和企业消防队的位置和名称。

2. 消防队责任区图线型和着色的规定

① 重点保卫单位轮廓采用红色粗实线绘出，内着红色，并注单位名称。

② 公安消防队住址，单位轮廓线采用红色粗实线绘出，内着浅红色。企业专职消防队住址，单位轮廓采用黄色中实线绘出，内着浅黄色。

③ 消火栓、江河、湖泊、池塘、水渠等消防水源轮廓采用蓝色粗实线绘出，内着浅蓝色。

④ 辖区界线用红色粗型双点划线和红色双细实斜线绘出。道路采用黑色双细实线绘出。

⑤ 其他均采用黑色线绘出，线型酌情考虑。

3. 战斗力量部署图的绘制

一般情况下，该图以平面图为主，有时也有平面图和剖面图配合并配文字说明。战斗力量部署图绘制包括以下基本内容。

① 标绘出单位的占地面积、主要建筑物、围墙界线、四邻单位情况及所靠近的主要街道的名称和方位。

② 突出标示出生产或贮存易燃、易爆、有毒物质部位或重点保卫的建筑物。

③ 标出单位内和附近消火栓的数量和位置及水池、水井、池塘等可用于灭火的水源方位。

④ 标绘出灭火作战中消防车的型号、编号数量和停车的位置，水带的连接方式和分水器的位置，以及水枪手的位置等。

⑤ 标绘出起火或爆炸的位置，燃烧蔓延的方向、路线和部位。根据灭火战斗的不同阶段和灭火战斗力量部署的变化，可绘制若干张不同形式的战斗力量部署图。

⑥ 用指北针和风玫瑰图，表示出该单位的方位和常年主导风向及频率。

4. 灭火救援预案图线型和着色规定

重点保卫单位的重点部位。如生产和贮存易燃、易爆、有

毒物质的单位及重要建筑等，建筑物外轮廓用粗实线绘出，内着红色。消火栓、水池、水井等可作为灭火用的消防水源，其轮廓采用粗实线绘出，内着蓝色，并加注容量。所有消防车辆及水枪等装备采用规定图例符号绘出，公安消防车辆及水枪内着红色，企业专职消防队车辆及水枪内着黄色。火势蔓延箭头和重点保卫主攻箭头按规定图例符号，着红色绘出。厂区内其他主要建筑轮廓采用黑色中实线绘出，内不着色。道路采用黑色双细实线绘出。

第二节　灭火救援训练

一、灭火救援战术训练特点及实施步骤

1. 灭火救援战术训练特点

战术训练是为掌握战术原则和作战方法进行的训练。目的在于针对不同灾害对象的实际，演练各种战法，提高指挥人员的组织指挥能力、临机处置能力、火场估算能力、综合决策能力；提高消防队员在高温、有毒、缺氧、浓烟等复杂危险情况下的实战能力。具有以下特点：

（1）协同性强　战术训练是一种多个中队、多种装备、多数人员的合成性训练，需要实施统一的指挥，参战各方协同配合才能取得战斗的胜利，具有很强的协同性。

（2）指向性强　战术训练具有鲜明的指向性，它是针对灭火救援对象的具体情况来实施的。不同类型的战术训练对象需要采用针对性的战术方法和战术措施。

（3）适用面广　战术训练是针对灭火救援对象或不同的险情而开展的各种具有不同内容的训练，它适用面很广，适用于对各种灭火救援对象、各种技术装备合成、各种消防队伍或各种组训形式的训练。

138

2. 实施步骤

灭火战术训练通常按照理论学习、熟悉情况与制定灭火救援预案、分段作业、连贯作业、战术演习的步骤实施。

（1）理论学习　应针对官兵的文化基础，以及课题的难易程度，采取讲课自学、实验等方法实施，一般可依照备课与预习、讲授与讨论、测验与讲评的顺序进行。

（2）熟悉情况与制定灭火救援预案　责任区情况的熟悉，一般按照走出去进行调查了解，请进来听介绍和在标图上学习掌握情况等步骤实施，达到对责任区情况的充分熟悉。针对灾情可能的发展变化，从困难、复杂的情况出发，预定一个至数个方案，其中以最大可能出现的情况作为基本方案，内容包括：灾情判断、主要任务、作战方向、基本战术步骤、力量部署，及各种保障措施等。

（3）分段作业　分段作业是战术训练的主要方法和重点。组织进行战术训练分段作业，通常按照理论提示、宣布情况、反复练习、小结讲评的步骤实施。

（4）连贯作业　指挥员应根据连贯作业的内容，按照作业实施的程序下达课题，包括课目、目的、内容、要求等。连贯作业的实施，通常依据作业课题性质，按战斗发展进程组织实施，即从受训者进入预定位置，完成战斗准备开始至战斗结束为止。

（5）战术演习　战术演习（含实地演练），是根据想定的情况，按战斗进程进行的综合性应用训练。它是战术训练的高级阶段，可以全面锻炼部队协调一致的战斗动作，培养勇猛顽强的战斗作风，同时，也能提高指挥员的战术思想水平和组织指挥能力。

二、救助训练

救助训练是训练消防员在抢险救援战斗中运用各种救援器材装备开展的技术训练，具有以下特点。

① 场地设置的灵活性　救助训练活动对场地设置的要求，不像技能训练那样严格，具有很大的灵活性。

② 训练项目的实用性。

③ 操作技巧的多样性　救助训练项目，大部分以绳索的打结、滑行、降吊为主，在操作上具有鲜明的技巧性，只有认真掌握了这些操作技巧，才能较好地完成训练科目，达到训练目的。

（1）基础救助训练

① 绳索连接法　绳索连接法是构成绳索训练的基础，主要有以下方法。

a. 结节（系扣）　在绳索上打扣叫结节。主要包括：单结、止结、半结、蝴蝶结、双股单结、"8"字结、双套腰结、三套腰结。

b. 身体结索　身体结索主要包括：盘绕腰结身体结索、双套腰结身体结索、三套腰结身体结索。

c. 器具结索　主要是利用水枪、水管、消防钩、拉梯、空气呼吸器、担架、破拆器具等结索。

② 绳索保护　是指将受训者或是待救者的身体用绳索系紧，其他队员在上方或下方操作绳索，进行安全准确的攀登或是下降过程。

③ 悬垂下降　利用绳索设立悬垂线，并使用悬垂绳进行救助的方法。此法适用于在井内或崖下进行紧急抢救。运用悬垂法救人时，要按规程和要求选定场地、实施挂法、投去绳索，既要考虑被救者的安全，又要考虑消防员的安全。

④ 攀绳横渡（盘过）　是在灾害建筑物与毗邻建筑物之间，或是在河流的中间等位置架设绳索，使消防员进入或退出，或是将待救者救出而采用的方法。

⑤ 立体救助　利用拉梯、云梯、担架等装备器材从高处、水平、低处抢救人命的方法。

（2）救助科目训练

① 结绳操　是利用绳索进行各种连接，充分发挥其作用的操法。主要有蝴蝶结结绳操，三套腰结结绳操。

② 身体悬垂下降操　是消防员将绳索卷在身上，利用悬垂绳与身体的摩擦，保持身体平衡下降的操法。主要有肩部制动悬垂下

降操。

③ 坐席悬垂下降操　是消防员将绳索卷在身上利用坐席上的安全钩与绳的摩擦，保持身体平衡下降的操法。

④ 渡过操　是指在云梯车不能靠近，没有进入手段或灾害局部扩大的情况下，用绳索迅速进入或退出的操法。主要有：船员式渡过操、猴式渡过操和平行式渡过操。

⑤ 攀登操　是在云梯车不能靠近，没有进入手段或灾害局部扩大的情况下，利用绳索迅速进入或退出的操法，主要包括四种盘绳攀登方法。

⑥ 拉梯楼层救助操　是利用6m或9m二节拉梯、救助绳等迅速将待救者从建筑物二、三层救出的方法。此方法适用于灾害现场的人命救助活动，需四名消防员相互配合，共同操作。

⑦ 拉梯水平救助操　是利用6m或9m二节拉梯、担架、救助绳等器材，将需要保持水平状态的待救者从建筑物的窗口等开口处救至地面的操法。

⑧ 担架悬垂水平救助操　是利用担架、救助绳将被救者从高处或低处平稳准确地救出的操法。当利用楼梯等救出困难时，可将被救者缚在担架上，利用救助绳悬挂在支撑点上救出。

⑨ 横坑救助操　是将下水道等狭窄的横坑内因沼气或缺氧等原因造成伤害的待救者，安全准确地救出的操法。此方法是由消防员佩戴空气呼吸器，系好保护绳，在向横坑送氧或送风的前提下，以匍匐的姿势进入横坑，将待救者拖拉救出。

⑩ 竖井救助操　是消防员佩戴呼吸器，将处于罐下、下水道等入口狭窄的竖井内因缺氧、气体中毒等原因而窒息的待救者安全准确地救出的操法。由于出入口狭窄，消防员在向竖井送氧或送风的前提下，可先戴好呼吸器面罩进入后，再背好钢瓶。

⑪ 搜索救助操　是指消防员进入浓烟区域进行安全搜索及人命救助的操作方法。进入浓烟区域实施安全搜索或救助时，要求有

两名消防员同时进入并相互保护。

三、体能训练

体能训练是指受训人员进行的身体素质方面的训练，它是技术、战术训练和顺利完成灭火抢险救援战斗任务的重要基础。

1. 体能训练的实施步骤

（1）理论学习　体能训练是操作练习的重要前提，也是确保训练质量的重要环节。体能训练理论学习重点：一是人体构造，如肌肉、骨骼，以及各种运动对人体的影响；二是运动生理学、运动心理学、运动学的基本知识；三是体能训练的内容、项目要求、操作要领等。

（2）操作练习　操作练习要在教练员的具体指导下，按要求科学、反复地练习，达到全面提高身体素质的目的。体能训练操作练习按课前准备、训练实施、恢复训练、训练讲评的程序进行。

2. 体能训练的内容

体能训练的主要内容包括：力量训练、耐力训练、灵敏性训练、爆发力训练、柔韧性训练、协调性训练和恢复性训练。

四、心理训练

消防人员心理训练系指有意识的外部和内部活动，对消防指挥员、战斗员的心理过程和个性心理进行影响和调节的活动过程。通过这种活动过程，提高消防指挥员战斗员在火场上的心理适应能力，充分做好各种心理准备，增强战斗活动的速度、质量和效率，为顺利完成灭火救援时的救人、灭火、疏散、保护物资以及各种复杂、困难、危险的战斗任务创造必要的心理条件。

1. 战斗中消防人员心理的影响因素

（1）高温　高温易破坏消防人员的生理机能，造成头昏脑涨、虚脱、疲乏无力等，出现痉挛、幻觉，以至失去知觉，停止正常的生理活动。

（2）浓烟　浓烟里的毒性气体能强烈地刺激消防人员的感觉器官，造成眼睛流泪或睁不开眼、咳嗽、呼吸困难、头昏眼花，甚至失去活动能力等。

（3）噪声　灭火救援现场上的巨大噪声，容易造成消防人员注意力分散，感觉和知觉能力下降，心慌意乱而无法进行思维和判断。

（4）活动空间狭小　在狭小的空间里，消防人员的活动受到影响，容易产生厌烦、急躁等消极情绪。

（5）外界干扰　灭火救援现场的外界干扰主要来自受灾单位或受灾个人、帮助救灾人员等。

（6）危险情况　消防人员在火场中若感受到具有爆炸、倒塌、中毒等危险情况时，或主观想象到某种危险时，就会本能地使神经活动紧张，表现出恐惧的神态。尤其是看到人员伤亡时，神经活动就极度紧张，恐惧则会进一步加剧，甚至畏缩不前，说话的声音发生颤抖。

（7）战斗状态　灭火救援战斗状态如何，能对消防人员的心理产生多种影响。战斗比较顺利时容易产生麻痹心理；战斗受阻时，容易急躁；当几次进攻、多次努力都未能奏效时，容易产生泄气情绪。

2. 心理训练的内容

（1）一般心理训练　一般心理训练是指每个消防人员都进行的训练，是各项心里训练的基础性训练。其主要内容有：

① 培养和发展观察、想象、记忆和思维能力；

② 培养情绪的稳定性；

③ 培养意志品质；

④ 培养自我心理调节能力。

（2）专业心理训练　专业心理训练指对指挥员、战斗员、调度员（电话员）、驾驶员等不同工作岗位上的消防人员，依据其职责分工的需要，进行不同的心理训练。

五、想定作业

想定作业就是创设一种灭火救援现场的景况，描述一场灭火救援战斗的过程，让受训人员在具有实战气氛的条件下接受训练的一种方式。

1. 想定作业的基本构成

想定作业是由情况设定、基本想定、补充想定三部分构成。

（1）情况设定　在编写基本想定和补充想定之前，对想定作业中想要设置的训练课题所进行的总体构思和设想。情况设定是整个想定作业的前提，也是编写基本想定和补充想定的基本依据，内容主要包括：

① 设定意图。内容主要包括：对灭火战斗对象、环境条件、技术手段、火场背景等情况的策划与设定；

② 设定目的。通过设定训练对象和情况，锻炼指挥员在多变复杂的情况下指挥部队协同作战，达到提高指挥员组织指挥能力，临机处置能力，火场估算能力，综合决策能力的目的；

③ 设定灾情。主要包括单位的基本情况、发生灾情的原因、灾情蔓延的主要方向、灾情面积被困人员情况、灾情特点等；

④ 设定战斗实力。主要包括：参加战斗的建制单位，各参战队的车辆、器材和人员配备，支援灭火救援战斗的社会相关部门和当地驻军等，也可用战斗实力表达。

（2）基本想定　基本想定亦称基本课题。其主要内容包括：单位基本情况、灾害情况、力量调集情况、灭火救援战斗措施等情况。

① 单位基本情况。内容主要包括单位名称、地理位置、周围环境、内部布局、要害部位及火灾危险特性等。

② 灾害情况。包括灾害原因、部位、烟气扩散范围、灾情蔓延区域，整个延烧时间和造成经济损失及人员伤亡等情况。灾害情况一般用文字或文图相结合的形式表达。

③ 力量调集情况。主要指报警时间、接警时间、各参战消防

队调出时间和到场时间，以及各参战消防队出动消防车辆数和人员数，当地政府各级领导、各有关部门及单位的到场时间和情况等。

④ 灭火救援战斗措施。主要有疏散和抢救被困人员，堵截和控制灾情，控制烟气流动，疏散和抢救贵重物资，冷却降温防止爆炸，驱散易燃易爆和有毒有害气体，排险救援，组织力量进攻，有效防止蔓延等。

（3）补充想定　补充想定亦称补充情况。主要内容包括作战对象；战斗的时间、地点；当时的灾情态势；上级领导的要求和本级战斗任务；要求执行事项等。补充想定通常采取文字叙述或地图注记两种表达形式。

2. 想定作业的实施程序和方法

想定作业的实施，通常采取协同作业、编组作业、变题作业的形式和方法。

（1）实施协同作业的程序和方法

① 布置作业　内容包括训练课目、目的、问题、作业内容、重点、方法和要求，完成时间和提示等。布置作业的方法：主要是利用作业图，结合板书、图表、战例和沙盘，还可利用幻灯、录像等进行讲述。

② 个人独立完成作业　其基本要求是：熟练掌握完成想定作业的基本技能、基本程序和基本方法。充分利用作业时间。必须个人独立完成，培养受训人员的独立完成作业能力。

③ 集体讨论　集体讨论是受训人员在教练员指导下，就各自作业方案交换意见，深化认识的交流活动。

④ 总结讲评　重述想定作业课题的题目，进一步明确训练目的；讲评作业情况并对作业作出评价，结合作业阐述有关理论问题等。

（2）实施编组作业的程序和方法　编组作业的内容可以是一个完整的训练课题，也可以是一个或几个训练问题。编组的方式，按人员职务构成，可分为指挥员系统编组和指挥机关编组；按部队编

制序列，可分为一级编组和多级编组；按编组的员额，还可分为满员编组和缺额编组等。

（3）实施变题作业的程序和方法　变题作业的基本程序是：布置作业、独立作业、检查讨论和小结讲评。

第三节　灭火救援战术与组织指挥

一、灭火战术指导思想

灭火战术指导思想，是指导各种灭火战斗的总体思想。救人第一和准确、迅速、集中兵力打歼灭战，是灭火战术指导思想的基本内容。救人第一和准确、迅速是灭火战斗的总要求，应贯彻于灭火战斗始终。集中兵力是打歼灭战的先决条件，打歼灭战是集中兵力的实质与目的。

1. 救人第一

坚持救人第一，必须结合火场实际，正确决策。根据火场具体情况，针对不同的现场条件，可分别采取先救人后灭火，救人灭火同步进行；或先灭火为救人创造有利条件等战术。

2. 准确、迅速

以最快的速度，在最短的时间内，以准确、迅速的战斗行动和有效措施制止火灾蔓延，达到尽快消灭火灾的目的。

3. 集中兵力

集中兵力是指在灭火战斗中集中兵力，使灭火力量与火势对比形成优势，保证有足够的灭火力量来控制火势，消灭火灾。集中兵力有两层含义：一是集中调动兵力（集中兵力于火场），二是集中使用兵力（集中兵力于火场的主要方面）。

（1）确定第一出动灭火力量　根据平时对着火目标周密调查研究，制定出灭火预案或规定首批派出力量。

（2）适时调集增援力量　系指在第一出动途中，根据观察到的火场上空烟雾、火光情况或到达火场后，根据火势情况请求增援；或在扑救过程中，由于火场情况发生了变化要求增援。

4. 打歼灭战

歼灭战是灭火战术的基本要求，是灭火进攻战斗的基本原则。打歼灭战必须以集中兵力为前提。也就是说灭火战斗的歼灭战，就是集中兵力，抓住有利战机，根据火场具体情况，灵活运用战术，对火势实施有效控制，准确迅速，包围火点，在短时间内夺取灭火战斗的胜利。歼灭战是实现快速扑灭火灾的主要作战手段，以优势兵力，积极控制火势，迅速全面彻底消灭火灾。目的是最大限度减少人民生命和财产损失。

"救人第一和准确、迅速、集中兵力打歼灭战"是不可分割的完整的指导灭火战斗的战术思想，是灭火战术的核心。在集中兵力时，应克服集中兵力宁多勿少的倾向。集中于火场的兵力，应优先集中于火场主要方面，不能零打碎敲，分散兵力。用兵之时，火场指挥员要通盘考虑，要分清主次，才能集中发挥灭火力量的优势。

二、灭火战术基本原则与方法

"先控制、后消灭"是灭火战术的基本原则，是根据火灾发展的客观规律和灭火战斗实践总结出来的。

"先控制"是指积极控制。消防队到达火场后，先把主要力量部署在火场上火势蔓延的主要方面，设兵堵截，对发展的火势实施有效控制，防止蔓延扩大，为迅速消灭火灾创造有利条件。要求在第一出动力量足够时，集中兵力于火场主要方面，在控制的前提下消灭阵地前蔓延的火势，在主要方向上，布设阵地，设兵堵截，积极控制火势蔓延或减缓火势蔓延速度，积极调集增援力量，再根据火场情况重新部署战斗。

"后消灭"就是在控制火势的同时，集中兵力向火源展开全面进攻，逐一或全面彻底消灭火灾。"后消灭"，不能理解为消极地等待控制之后，再组织进攻消灭火灾。

三、灭火战斗基本方法

消防队在灭火战斗中要根据火场的不同情况适时地采取堵截、夹攻、合击、突破、分割、围歼等基本方法。

（1）堵截火势　防止蔓延或减缓火势蔓延速度，或在堵截过程中消灭火灾，是积极防御与主动进攻相结合的灭火战斗基本方法。

（2）夹攻　即从相对的方向向燃烧区进攻，堵截控制蔓延，逐渐缩小燃烧区范围，消灭火灾的作战形式。夹攻属灭火进攻战术。

（3）合击　是指在火场上，从两个或两个以上的方向向燃烧区协调一致进攻，控制火势、消灭火灾。

（4）突破　是根据战术上的需要，在火场上某一地段，部署力量打开突破口的作战行动。

（5）分割　是针对大面积燃烧区或火势比较复杂的火场，根据灭火战斗的需要，将燃烧区分割成两个或数个战斗区段，以便于分别部署力量将火扑灭。

（6）围歼　对燃烧区完成战术包围，达成围攻态势，看准时机，准备充分，从包围的几个方面对火势进行攻击，消灭火灾的战术。

四、组织指挥的任务和原则

1. 组织指挥的任务

（1）收集信息、确定对策　灭火指挥员应通过各种渠道，快速、广泛收集火场信息，以便根据掌握的各种信息，尽快分析判断，确定最佳灭火方案，使各项决策符合火场客观实际。

（2）调配力量，协调行动　灭火指挥员要根据灭火预案，通过组织指挥的手段，组织各种参战力量协调一致的行动。

（3）部署任务，督促行动　部署任务并督促执行是实施火场组织指挥的重要环节。

2. 组织指挥原则

（1）统一指挥　火灾现场情况复杂，任务艰巨，经常涉及参加灭火以及协同灭火作战的各种社会力量，只有统一指挥，才能使灭火组织者准确地调用各种参战力量，保证作战部署的整体性和作战行动的协调性，使之步调一致地贯彻执行火场总体决策，有效地完成灭火战斗任务。

（2）逐级指挥　无论火势大小、参战力量多少，灭火战斗行动的组织指挥具体实施一般都要逐级进行。

五、灭火救援组织指挥的程序和方法

1. 组织指挥的程序

搜集掌握火场情况，确定总体灭火决策和行动方案，下达作战指令，并根据火情变化随机指挥。

（1）搜集掌握火场情况　迅速搜集和掌握与灭火作战相关的各种可靠情况，在快速分析研究的基础上，准确地判断火场发展趋势，是抓住火场主要方面，制定灭火决策和组织实施方案的前提，应掌握的信息主要有：

① 燃烧物质的性质、燃烧范围、火势蔓延速度和方向；

② 有无人员受到高温、烟气、火势的威胁，其数量和所处地点以及抢救疏散的通路；

③ 有无爆炸、堵气、触电和建筑物倒塌的危险；

④ 有无受到火势、高温威胁的重要物资、设备、档案和资料，其数量、位置和实施疏散、保护的可行性；

⑤ 可利用的水源及供水能力；

⑥ 作战对象（建筑物）的建筑特点、建筑消防设施和毗邻情况；

⑦ 参战力量和灭火剂、器材装备等情况；

⑧ 火场周围的道路及周围环境等情况；

⑨ 着火当日气象（风向、风力、风速、气温、相对湿度、阴、雨、晴、雪等）变化；

⑩ 其他应了解掌握的情况。

（2）确定总体决策和行动方案

① 灭火战斗意图：是指挥员对灭火战斗行动总体设想，即所要达到的灭火作战目的和采取的主要行动方法，是灭火作战决策中最基本的要素。

② 主要作战方向：即火场主要方面，投入主要的兵力。主要作战方面体现着指挥员的用兵重心。其主要方面有：

　　a. 人员受到火势威胁的场所；

　　b. 有可能引起爆炸、毒害的部位；

　　c. 重要物资受到火势威胁的地方；

　　d. 火势蔓延猛烈，有可能造成重大损失的方向；

　　e. 有可能引起建（构）筑物倒塌或者变形的方面。

（3）下达作战指令　指挥员下达作战指令要坚决、果断，内容要简明扼要，可以采用面对面或采用有、无线通讯方法下达命令。命令下达后要及时做好记录，详细记下下达命令的时间、内容、接收人等。

（4）根据火情变化，实施随机指挥　灭火战斗中，指挥员要按照总体决策和行动方案，不间断地实施指挥。

2. 组织指挥的方法

（1）协调战斗行动　一是协调主管中队和增援中队、前方和后方的行动，始终保持火场上的灭火作战重心；二是协调各参战单位之间的配合，保持整体作战效能。

（2）适时调整部署　一是重新确立火场主要方面；二是调整各参战单位的灭火作战任务；三是重新进行战斗编组。

（3）绘制火场指挥图。

第四节　灭火救援作战行动

灭火战斗行动，系指消防队从受理火警至灭火战斗结束整个过程的活动。由接警出动、火情侦察、火场警戒、战斗展开、火场供水、火灾扑救、疏散与保护物资、火场破拆、火场排烟、火场摄像、战斗结束等主要环节组成。

一、接警出动

1. 受理火警

受理火警，消防队通信室，对外界通过各种方式报来的失火信息，进行准确迅速处理。它是灭火战斗的开始。

2. 调度力量

消防队受理火警后，向火场调派灭火力量的过程。

3. 灭火出动

灭火出动，是消防队接到出动命令，执勤消防人员迅速着装登车，乘消防车往火场的过程。向火场行驶时应注意：

① 消防车赶赴火场时，可以使用其他车辆不准通行的道路和空地。消防车应选择最近的路线，或路面较好能迅速到火场的路线；

② 执勤消防人员必须按规定着装登车，非执勤人员不准随便登车；

③ 在行驶中，注意力要集中，在确保安全的前提下，掌握好车速，根据路况掌握好车辆之间的距离；

④ 应迅速、准确、安全地赶赴火场，在行驶途中，要与调度指挥中心保持联系，及时报告行车情况，随时了解火场情况，听取指示和命令；

⑤ 出动途中，如遇另一起火灾，要根据出动的消防力量及两处火灾的轻重缓急及危害程度，进行判断，采取相应对策并立即报告调度指挥中心；

⑥ 在出动途中如发生交通事故，应保护好事故现场，等候交通部门处理；如有人受伤，应迅速送往医院抢救，并将情况迅速报告调度指挥中心。

二、火情侦察

1. 火情侦察的任务

第一出动力量到达火场后，要组织侦察人员迅速准确地查明以

下情况。

① 火源位置、燃烧物质的性能、燃烧范围和火势蔓延的主要方向。

② 是否有人受到火势威胁，人员所在地点、数量和抢救、疏散的通道。

③ 有无爆炸、毒害、腐蚀、遇水燃烧等物质，其数量、存放形式、具体位置。

④ 火场内是否有带电设备，以及切断电源和预防触电的措施。

⑤ 需要保护和疏散的贵重物资及其受火势威胁的程度等。

⑥ 燃烧的建（构）筑物的结构特点，及其毗邻建（构）筑物的状况，是否需要破拆。

⑦ 起火建（构）筑物内的消防设施可利用情况。

2. 火情侦察的组织

火情侦察的组织应根据到达火场的灭火力量、火势情况和侦察任务来确定，通常有以下几种形式。

① 战斗班单独进行灭火战斗时，由战斗班长和战斗员组成侦察小组。

② 一个消防中队投入灭火战斗时，由中队火场指挥员、战斗班长和火场通信员3人组成侦察小组。

③ 在火场面积大、情况复杂、投入灭火力量较少、扑救时间长的情况下，火场侦察任务由各级侦察小组分别进行。

3. 火情侦察的方法

（1）外部观察　侦察人员通过感觉器官对外部火焰的高度、方向、温度、烟雾的颜色、气味、流动方向和周围情况等进行侦察，以判断火源位置、燃烧的范围、火势蔓延方向、对毗邻建（构）筑物和其他物体的威胁或被火势围困的人员的位置，以及飞火对周围可燃物的影响等。

（2）内部侦察　主要可采用以下两种方式：一是侦察人员进入燃烧区内部，观察火势燃烧情况、蔓延方向、途径及人员、贵重物品和仪器设备等受火势威胁的程度，进攻路线和疏散通道，建筑物有无倒塌征兆，是否需要破拆，寻找对灭火战斗有利和不力的因素等。二是设有消防控制中心的建筑物发生火灾，侦察人员应首先进入消防控制中心查询火灾情况，弄清起火部位、燃烧范围、有无人员被困、进攻路线和疏散通道、内部消防设施等；若装有电视监控系统，可通过电视屏幕观察火势燃烧情况。

（3）询问知情人 侦察人员直接向火灾单位负责人、安全保卫干部、工程技术人员、值班员、周围群众和目击者询问火场详细情况。

（4）仪器检测 在有可燃气体、放射性物质、浓烟、空心墙、闷顶、倒塌建筑等特殊情况的火灾现场，侦察人员应使用可燃气体测爆仪、辐射侦察仪、红外线火源侦察仪等现代化专用检测仪器进行侦察，以便及时找到火源，避免发生不应有的人员伤亡和财产损失。

三、火场警戒

在事故现场有下列情况发生时，一般应实施火场警戒：
① 毒气、可燃气体扩散。
② 有爆炸、倒塌危险。
③ 疏散大量人员或组织大量人员疏散物资。
④ 有大量人员和车辆参加灭火战斗。
⑤ 有大量围观人员。
⑥ 不能控制火势，以及燃烧面积较大。
⑦ 指挥部认为有必要实行火场警戒。

四、火场救人

1. 寻找被困人员的方法

被火势和险情围困的人员，出于自救的本能会躲藏起来，给营救工作带来困难。火场营救人员应该仔细进行寻找。寻找被困人员的方法有：

① 询问知情人 了解被困人员的基本情况（如人数、性别、年龄、所在地点等），确定抢救被困人员的途径和方法；

② 派人员侦察　采取主动呼喊、查看、细听、触摸等方法深入火场内部搜寻人员；

③ 仪器探测　用热视仪、生命探测仪等仪器搜寻人员；

④ 搜救犬寻找人员。

2. 火场救人的途径、器材装备和方法

（1）救人途径

① 建筑物内的安全门、直通室外的安全出口、门、窗、疏散楼梯、消防电梯、逃生梯等。

② 建筑物外的阳台、屋顶、落水管道、窗、疏散楼梯、天桥、走廊等。

③ 飞机、船舶、汽车、火车上的安全门、紧急出口、破拆位置点、门、窗等。

④ 没有救人通道时，可采用破拆建筑物的门、窗、墙、楼板等构件的办法开辟通道。

⑤ 地下建筑（矿井）没有烟火的进（出）口、斜（竖）井口、通风口等。

（2）救人器材装备

① 举高消防车、直升机。

② 拉梯、挂钩梯、摇梯。

③ 安全绳。

④ 救生气垫、救生袋、救生布（网）、救生梯、救生绳、缓降器等。

（3）救人方法　灭火人员进入火场救人，要根据火势或险情对被困人员的威胁程度和被困人员的实际情况采取下列不同的救人方法。

① 楼层的内部走廊、楼梯、门等已被烟火封锁，被困人员无法逃生时，营救人员可将消防梯、举高消防车升起，而后架到被困人员所在的窗口、阳台、屋顶，利用消防梯、举高消防车、救生袋和缓降器等将被困人员救出。

② 无法架设消防梯时，消防人员通过挂钩梯、徒手爬排水管

道、窗户等方法攀登上楼，然后用安全绳将被困人员救下；使用射绳枪将绳索射到被困人员所在的位置，让被困人员将缓降器、救绳梯等消防救援器材吊上去，然后，使用缓降器、救绳梯自救；当有被困人员从窗口往下跳楼时，消防人员应在被困人员所在窗口下的地面拉起救生网（布），放置救生垫。

③ 浓烟和火焰将人员围困在建筑物内时，消防人员应用水枪开辟一条能将被困人员疏散到直通室外安全出口的疏散路线；一时不能全部疏散完，也可以引导被困人员转移到附近无烟处或避难间，然后再疏散出去。

④ 消防人员要安慰、引导被困于火场能够自己行走的人员向外疏散，不能行走的老弱病残、儿童等，要采取背、抱、抬、扛等方法，把他们抢救出去。

⑤ 需要穿过燃烧区救人时，消防人员可用浸湿的衣服、被褥等将被救者和自己的头、脸部遮起来，并用雾状水流掩护，防止被火焰或热辐射灼伤。

五、战斗展开

战斗展开是指消防队到达火场后，火场指挥员根据火场情况或该单位灭火预案的规定，下达作战命令，灭火力量按照各自的任务分工，迅速进入作战阵地和位置，形成对燃烧区进攻态势的战斗行动。

（1）准备展开　消防队到达火场后，消防人员从外部看不到燃烧特征，需要进行火情侦察，指挥员应当在火情侦察的同时，命令作战人员做好战斗的展开准备。

（2）预先展开　到达火场后，消防人员从外部可以看到燃烧产生的烟雾和火焰，但对火势蔓延方向和途径、有无人员被困、建筑物耐火等级、燃烧物质的性质等基本情况尚不清楚，在能够确定水带干线方向的情况下，指挥员应在火情侦察的同时，下达"预先展开"的命令。作战人员铺设好水带干线，做好进攻准备。

（3）全面展开　消防队到达火场后，消防人员通过观察，已基

本掌握火场情况；或事先制定有灭火预案，熟悉该单位（起火部位）的建（构）筑物情况。这时，火场指挥员应果断命令作战人员进入作战位置，实施扑救。

六、火场供水

火场供水是指消防人员利用消防车、消防泵和其他供水器材将水输送到火场，供灭火战斗人员出水灭火的战斗行动过程。

1. 供水原则

（1）就近占据水源　到达火场的供水消防车，应占据距离火场较近的消防水源（人工水源或天然水源），以便达到迅速供水灭火的目的，占据水源切忌舍近求远。

（2）确保重点，兼顾一般　火场供水必须着眼于火场主要方面，应集中主要的供水力量，保证火场主攻方向的水量和水压，以有效地控制火灾，阻止火势扩大。同时，在可能的情况下，对火场的次要方面，也要考虑供应必要的消防用水。

（3）力争快速不间断　第一出动供水力量到达火场，对扑救初期火灾保持有绝对优势时，应以最快的速度组织供应扑救初期火灾的用水量，做到战术上的速战速决。

2. 供水方法

（1）直接供水　当水源与火场之间的距离在消防车供水能力范围内时，消防车、泵应就近铺设水带，直接出水枪灭火。

（2）串联供水　又称接力供水，主要方法有两种。

① 接力供水　当水源距离火场超过消防车、泵供水能力时，可利用若干辆消防车分别间隔一段距离，停放在供水线路上，由后车向前车依次连接水带，通过水泵加压将水输送到前车水罐里（没有水罐的消防车，将水带通过分水器，连接到进水口上），供前车出水用。供水干线尽量使用大口径的水带。

② 耦合供水　当火场高度超过消防车、泵的供水高度时（指高层建筑或建在山上的建筑火灾），可利用若干辆消防车或消防车与手抬机动消防泵进行串联供水，提高前车泵压，将水供到高处。

156

（3）运水供水　用若干辆消防水罐车，或火车机车、洒水车、运输液体的罐车等，从水源处装水，运送到前方消防车出水灭火。

（4）排吸式供水　水源距离消防车 8m 以外无法靠近，或超过消防车吸水深度，水温超过 60℃影响真空度时，可使用排吸器与消防车、泵联合引水，向前方供水。

（5）传递供水　当消防车、泵无法接近水源，又没有排吸器时，可组织群众用脸盆、水桶等器具端水倒进消防车水罐或水槽内，供消防车出水灭火。

七、火灾扑救

消防队在使用灭火剂时，应根据火灾燃烧物质的性质、状态、燃烧范围、风力和风向等因素正确选择，并保证供给强度。要避免因盲目使用灭火剂造成适得其反的效果或更大的损失。

1. 选择好灭火阵地

在不同的距离、角度和位置上喷射灭火剂，会产生不同的效果，灭火所用的灭火剂数量和时间也不相同。选择有利的灭火阵地，对于充分发挥灭火剂的效能和战术技术，以及保护灭火人员的自身安全等，有着十分重要的作用。其要求如下。

（1）选择分水器和水枪阵地　在向燃烧区或燃烧物体进攻的行动中，消防人员要善于利用地形地物，根据便于观察、便于射水、便于转移和撤退的原则，选择分水器和水枪的设置位置，达到充分发挥水枪射流的作用，有效地控制和消灭火灾，保护自己。

（2）分水器的设置

① 地面进攻时的位置　分水器通常设置在火势蔓延方向的侧面，或两支水枪的中间部位，水枪需要设置在屋顶时，则设置在靠近消防梯处。

② 楼层进攻时的位置　分水器通常设置在接近燃烧层的楼梯间，若几层楼同时燃烧，担负下层进攻的战斗班则将分水器设置在下层楼梯间，担负上层堵截任务的战斗班则将分水器设置在上层楼

梯间。

2. 水枪阵地的设置

（1）依托门（窗）口　门（窗）口出入方便，有利于进攻，还能起到较好的掩护作用，也便于观察火情，将水流准确地射到火点上。

（2）依靠承重墙　在宽大的车间、仓库和大厅等建（构）筑物内灭火时，为防止屋顶塌落或其他物体坠落伤人，战斗员不应站在建（构）筑物内的中间，应将水枪阵地设置在承重墙边射水。

（3）吊顶内、外　吊顶检查口、屋顶上的老虎窗或百叶窗，是设置水枪阵地的理想部位，便于战斗员进攻和撤退。在这几个地方设置水枪阵地，不需要破拆，可赢得灭火时间。

（4）利用消防梯　火焰在二、三层楼的窗（门）口燃烧，或屋顶已被烧穿，战斗员不能直接进入室内（吊顶内）灭火时，可将消防梯架设在燃烧着的门（窗）口旁边或屋檐设置水枪阵地，向燃烧区射水灭火。

（5）利用地形、地物　灭火战斗中，战斗员为防止压力容器、爆炸物品、建筑构件和辐射热等可能造成的危险，应充分利用地形、地物做掩护设置水枪阵地。

3. 选择消防炮阵地

使用载有消防炮的消防车（艇）以及移动式消防炮灭火，应根据所扑救的火灾对象、火场地形、风向风力、所使用的灭火剂的特性和泡沫炮的技术性能等选择阵地。喷射泡沫，通常选择在距离燃烧区或燃烧物体 30m 以外的上侧风向，避开有可能爆炸的部位。喷射干粉，通常选择在距离燃烧区或燃烧物体 50m 以内的上风向，前方没有遮拦物，最好是居高临下的地方；当上风方向无法喷射时，可选择侧风方向。喷射水流。通常在火势蔓延方向的前方和两侧，根据火势和火场地形情况，确保停车距离。消防炮流量大，冲击力强，不宜在近距离（指 25m 以内）使用，防止伤害人员和损毁建筑物。

八、疏散和保护物资

疏散和保护物资，是指在灭火战斗中参战人员采用各种方法将受到火势（险情）直接威胁的物资疏散到安全地带，或用灭火、遮盖等方法将物资就地保护起来的战斗行动。

1. 疏散物资

疏散物资的工作由火场指挥员组织指挥，必要时请火灾单位领导和工程技术人员参加，确定疏散物资的方法、先后顺序、疏散路线以及疏散出来的物资的存放地点。将疏散物资的人员编成组、队，确定负责人，确保人员和物资的安全，保证疏散工作的顺利进行。

（1）利用机械设备疏散　疏散物资时，可利用电瓶车、板车、铲车、叉车、电梯、吊车、起重机和汽车等设备，进行装卸搬运，加快疏散物资的速度。

（2）利用安全绳疏散　对处于楼层内的贵重物资，当电梯、楼梯出口失去疏散能力时，可采用安全绳疏散。将绳子一端拴在楼内牢固的部位上，另一端由楼下的战斗员拉成斜面，然后把捆好的物资挂在安全绳上，让其自动滑到地面。

（3）利用管道疏散　易燃液体、可燃气体贮罐区起火，可利用输送泵房将起火贮罐内的油料、煤气、液化石油气等通过管道输送到安全的贮罐内，这种方法也称"倒罐"。

（4）紧急情况下的疏散　需要疏散的物资因火势迅猛，来不及全部疏散到安全地带时，可将物资搬往最近处的区域内（如邻近的房间、走廊、通道等），然后再往安全地带疏散，以便赢得疏散物资的时间。

2. 保护物资

对于难以疏散的物资，除前面已提到的外，尚须分别情况，采取以下措施，加以保护。

① 对固定的大型机械设备，用喷射雾状水流、设置水幕等方法冷却，不能用水冷却的，也可用不燃或难燃材料予以覆盖。

② 对于易燃可燃液体，可喷射泡沫予以覆盖。

③ 对于忌水、烟熏、灰尘污染的物资，如香烟、布匹、纸张、粮食、书籍、家用电器等，应用篷布等进行遮盖。

九、火场破拆

火场破拆，是指灭火人员为了完成火场侦察、火场救人、疏散物资、阻截火势蔓延等战斗任务，对建筑物构件或其他物体进行局部或全部破拆的行动。破拆方法主要有以下几种：

1. 撬砸法

撬砸法是使用铁铤、腰斧、大斧等简易破拆工具所进行的破拆行动，主要用来打开锁住的门、窗；撬开地板、屋盖、夹墙等。

2. 拉拽法

拉拽法主要利用消防安全绳、消防钩等简易器材工具进行破拆。当需要拉倒建筑物时，可将安全绳系住建筑物的承重构件，用人力或汽车等机械设备拉拽，需要破拆顶棚时，可用挠钩拉拽。

3. 锯切法

是使用油锯、手提砂轮机、气体切割机、手动切割器等功效较高的破拆器材进行的破拆行动。当需要破拆船舶钢板、飞机外壳的高强度合金材料、高层建筑的高强度玻璃、钢门窗等硬度较大的部位时，使用这些动力破拆器材可以迅速完成破拆任务。

4. 冲撞法

冲撞法是使用推土机、铲车等机械进行的破拆行动。当需要进行大面积拆除建筑物时，可用这些机械冲撞建筑物使其倒塌，开辟隔离带。

5. 爆破法

爆破法是利用炸药和爆炸器材进行的破拆行动，当需要拆除楼房、影剧院、大跨度厂房等建筑物时，可用定点、定向爆破法进行快速破拆。

十、火场排烟

为了提高火场能见度，减少高温毒气危害性，有效控制火势蔓延，提高救人、灭火效率，灭火人员必须采取排烟措施。排烟方法主要有：自然排烟、人工排烟、机械排烟等。

1. 自然排烟

根据火灾产生的热气流的浮力和气象条件，利用建筑物本身的排烟竖井、排烟道或普通电梯间，从顶部排烟口将热气流排除。排除室内烟气时应将上风方向的下窗开启，将下风方向的上窗开启，利用风力加速横向排烟。

2. 人工排烟

① 破拆屋顶排烟 破拆排烟除了破拆门、固定窗扇、外墙等，破拆屋顶也是排烟的一种好方法，但应尽量在火点的正上方屋顶开口，可使燃烧范围集中，如在偏离燃烧位置的其他地方开孔，有可能助长火势蔓延。

② 使用高倍泡沫排烟 高倍泡沫在室内使用量小，水渍损失少，能同时起到排烟、降温和灭火作用。

③ 喷雾水流排烟 喷雾水在火场上大部分能完全汽化，除有冷却降温，掩护灭火人员进行救人、灭火等作用外，还可以用于排烟，如在水中加入添加剂，喷出后能吸收烟雾。

3. 机械排烟

对高层、地下建筑火灾，尤其是地下建筑火灾，最好使用机械排烟方法，其设施分为固定式排烟设备和移动式排烟设备两类。

十一、火场摄像

火场摄像，是指消防队的专职人员（照相、摄像人员），使用照相机、摄像机等器材，对灭火战斗行动及与火场有关的其他情况进行的现场摄（照）像的工作。

对火场的摄像，应做到内容完整、全面、具体情况比较详细，能反映下列情况：

（1）火场基本情况

① 火场鸟瞰图像 摄像人员到达火场后，首先应从不同角度或高度摄（录）火灾现场鸟瞰图像，以便确定消防队到达后的火势

燃烧范围。

②火势发展情况　摄像人员应把火势燃烧的初期、发展、猛烈、下降、熄灭五个阶段的发展变化情况摄（录）下来。

③火场特殊情况　扑救压力容器、油罐、大风天、大面积易燃建筑区等特殊火灾时，摄像人员要注意摄（录）发生爆炸、沸溢喷溅前的征兆，以及发生的爆炸、沸溢喷溅时的状况；大风天和大面积易燃建筑区因热辐射、飞火等造成的远距离可燃物体起火情况。

④建（构）筑物情况　主要摄（录）燃烧区建（构）筑物的结构、形状和布局，以及毗邻建筑物的结构、形状和布局。特别是阻拦火势蔓延或导致火势蔓延的构件，造成蔓延的途径等，要详细摄（录）下来。当时无法摄（录）的，应在扑灭火灾后补摄（录）。

⑤人员伤亡损失情况　应将火灾造成的人员伤亡情况和数量，设备、物资和建筑物被烧毁等情况详细摄（录）下来。

⑥气象情况　通过摄（录）火场外部空间和地面的烟雾流动方向、下雨、降雪、结冰等特征，提供这起火灾的风力、风向、气温和湿度等天气情况。

⑦起火情况　扑救火灾过程中，要注意摄（录）很可能是起火点的部位情况，尤其是该部位的某些物质已被烧毁，但有可能是引起火灾的物体（如电熨斗、电炉、电灯泡、配电盘等）。

（2）灭火基本情况

①战斗部署情况　各参战公安、专职消防队的前方灭火阵地，后方供水位置，火场指挥部和分片（层、段）指挥点的位置等。

②战术技术运用情况　向火场主要方面进攻、登高救人、破拆、疏散和保护物资、火场供水、火场通信、火场照明、排烟以及后勤保障等方面的情况。

③其他　地方党政领导亲临火场指挥扑救火灾情况，火场安全警戒，义务消防队和群众协助灭火等情况。

十二、战斗结束

灭火战斗结束后，火场指挥员要及时进行清点灭火人员和器材装备的工作。

① 火场最高指挥员，根据火场检查情况，确定是否有必要留下一部分力量清除余火和阴燃，或继续监视火场，并及时下达各中队清点人数和整理器材装备的命令；各消防中队和战斗班（车）没有接到命令前不得自行收拾器材装备。

② 各消防中队接到火场指挥员的命令后，应立即命令各战斗班（车）长清点本班人员和器材装备。

③ 各战斗班（车）长接到命令后，立即清点本班（车）人数，命令本班战斗员清点分工保管的器材装备，并归放到消防车上；战斗员将器材装备清点情况报告本班（车）班长。

④ 清点人员和器材装备，以及归放器材装备的动作要求准确、迅速，相互协助。

⑤ 将灭火使用过的地上（下）、墙式消火栓的出水阀和闷盖等拧紧，恢复原状。

⑥ 各战斗班（车）长逐级向上报告人员和器材装备情况；如发现灭火人员和器材装备缺少，应立即组织人员寻找。

⑦ 火场指挥员在确认人员和器材装备齐全后，将火场移交有关部门或单位负责人，并讲明要求和注意事项。

⑧ 各项工作结束后，下达归队命令。

第五节　灭火救援行动中消防员的自我防护

一、可燃气体火灾救援的自我防护

可燃气体发生火灾时，往往伴随着爆炸，造成人员伤亡或建筑

物倒塌，对消防人员构成很大的威胁。

1. 安全措施

气体发生火灾，不要急于灭火，应以防止蔓延和发生二次爆炸为重点，要与有关单位密切配合，协同作战，确保周围群众和参战人员安全。

对于容器管道上的气体火灾，应落实好关闭进气阀门或堵漏措施后才可灭火。阀门受到火势直接威胁无法关闭时，应先冷却阀门，在保证阀门完好的情况下再灭火。灭火后迅速关闭阀门，并使用蒸气或喷雾水稀释和驱散余气。

冷却着火气体容器或钢瓶时，应避免用水流直接冲击，防止容器、钢瓶被冲倒，导致火焰上窜烘烤邻近容器而产生爆炸危险。已经倒伏的钢瓶要设法使它立起。对火场上未着火的可燃气体容器要迅速疏散至安全地带。对着火容器或其相邻容器有爆炸危险时，要利用地形、地物、耐火建筑物为掩体，使用带架水枪、水炮喷水冷却，防止爆炸，并阻止火势向附近建筑物蔓延。灭火后对容器、管道要继续射水冷却，使之降至常温，并驱散周围余气。

2. 泄漏排险安全措施

要迅速划定警戒区，警戒区应由检测人员对现场可燃气体检测后报告指挥部决定。做好排险行动部署，防止遇明火源发生爆炸，因缺乏行动准备而致人伤亡。要迅速落实切断气源或采取堵漏措施，避免气体继续外泄。气体泄漏不知何处，只限于在某室内或供气站附近闻到气体臭味时，首先关闭该室或营业所的供气开关。当室内有气体泄漏时，应组织机械通风或打开门窗利用自然通风换气。实施该项行动，人员应从上风、侧风方向的门窗进入室内，当门窗上锁需要破拆时，应选择爆炸时冲击波影响小的方位进行。消防车不准进入警戒区内，已在警戒区内停留的车辆不准发动行驶。现场附近严禁动火，消防人员在战斗行动中绝对禁止引发出火花。要根据现场情况，发布动员令，动员现场周围特别是下风方向的居民或单位职工统一行动，迅速消除火患，撤离警戒区。把扩散气体可能遇到火源的部位作为主攻方向，部署好水枪阵地，做好应付突发情况的准备。要慎重用灭火剂或堵漏工具，不同的气体泄漏要用不同的物质进行中和、稀释、堵漏。

二、危险物品火灾救援的自我防护

1. 处置黄磷火灾事故的安全

到场后，应尽量在上风向设置水枪阵地。如因水源或其他条件的限制，须在下风向设置阵地时，前方作战人员必须佩戴空气呼吸器，穿着好防护服装，后方作战人员也应采取一定的防护措施。应用喷雾、开花水流，不能用强水流冲击磷块、磷液，以免黄磷飞溅，灼伤附近人员，或黏附在其他可燃物上引起新的火点。当黄磷在车间、库房内溢流时，要及时在门口、走廊口用泥土、沙袋筑坝堵拦，然后向室内灌水，让水淹没磷液使其结块。再组织力量将磷块从水中捞出，放入安全容器中。捞磷块时，人体不能与磷直接接触。黄磷自燃点低，黄磷容器缺水着火，应组织人员佩戴空气呼吸器深入库区，用喷雾水覆盖火源，恢复容器水位，然后，将黄磷移入其他安全容器中，或将渗漏容器移到库外开阔地带处理。黄磷火灾扑灭后，要认真检查清洗现场，防止地面、门窗及现场附近的可燃物黏附残磷，引起复燃。当皮肤上溅有黄磷时，要及时用水清洗，如有灼伤，清洗后到医院处理。

2. 处置硝酸泄漏事故的安全

到场后，首先要做好防护并部署兵力消灭明火。灭火时，尽量使用雾状水流或开花水流，如必须使用直流水枪时，硝酸贮罐和容器周围不能站人，以免被飞溅的酸液灼伤。用雾状水稀释溶解硝酸，并用大量水流将含酸溶液导入阴沟或废水池。同时，防止污染附近水域。硝酸贮罐阀门渗漏或贮罐有裂缝时，要召集有关工程技术人员参加制定堵漏方案，并要在喷雾水流掩护下进行堵漏作业。

3. 扑救轻金属火灾的安全

扑救轻金属粉末火灾，可用干燥的沙土，有条件的可用 7150 灭火剂扑救。前方灭火的消防人员应着防火服，并进行掩护。禁止

用水、二氧化碳扑救，防止发生激烈反应使燃烧猛烈或引起爆炸；用干粉扑救轻金属火灾，易复燃，只能暂时抑制火势，为沙土覆盖创造条件。禁止无关人员进入轻金属粉末火灾现场，以免人员乱踏，导致粉尘飞扬而发生爆炸。对受火势威胁而尚未着火的碱金属，要迅速组织力量疏散。

4. 扑救剧毒物品火灾的安全

剧毒物品火灾扑救时要严密组织，防止中毒。具体安全措施是：一是设置警戒区，禁止无关人员入内；二是灭火时，应穿防化服，佩戴空气呼吸器等防护装备；三是灭火后应使用检测器检测，确认无危险后方可进入；四是身体受污染或吸入有毒气体时，应迅速用水冲洗，同时尽快送医院抢救；五是受污染的器材、物品应集中在一起，及时进行洗消；六是在掌握有毒物品的状况和具体危险性，并进行有效防护后，方可展开灭火行动；七是要针对有毒物品的性质选用灭火剂，无法判断危险性或需要做特殊处理的物品，应在专业技术人员的协助下进行。

三、扑救交通工具火灾的自我防护

1. 扑救汽车火灾的安全

扑救汽车火灾，消防人员和消防车辆应尽量避开地势低洼处，防止燃油箱破裂或爆炸后燃料向低洼处流淌，人员被火烧伤或车辆被焚毁。汽车猛烈燃烧时，轮胎很容易发生爆破，人体如果靠近轮胎，有可能被击伤。疏散车辆时，应由懂得驾驶技术的人员操纵车辆，防止车辆失控或下坡迅速滑行，造成碰撞建筑物、人员和其他车辆的事故。车载货物发生火灾，应根据起火物质的性质，有针对性地使用灭火剂灭火。同时，用雾状水冷却油箱，保护驾驶室，防止油箱爆炸或火势蔓延扩大。汽车停在重要场所发生火灾时，应将着火汽车驶离现场进行扑救，防止对这些场所造成破坏。当无法驶离重要场所，火势威胁到邻近建筑物和可燃物质时，应立即扑救汽车火灾，同时出水保护受火势威胁的建筑物或可燃物质，阻止火势向这些部位蔓延，一并疏散群众，防止意外事故发生。

2. 扑救船舶火灾安全

船舶火灾灭火行动与一般火灾有许多不同之处，应采取相应的安全措施，防止事故的发生。

（1）防止船舶倾覆　船舶火灾在扑救过程中，由于大量使用灭火剂（水、泡沫），船体会灌注大量的水，容易发生严重倾斜，失去稳定性，甚至倾覆。应采取以下预防措施，保障船舶安全。开启舱底排水泵向船外排水，若起火船系机舱起火，排水泵无法使用时，应调其他排水设备进行排水。扑救过程中，应抵近燃烧区灭火，将水流射在火源上，尽量不在犄角处或船下喷射灭火剂。船体发生倾斜时，应往相反方向船舷的压载舱内灌水，使船体恢复平衡或减少倾斜度。在码头上扑救船舶火灾，当船体开始倾斜时，可用钢（绳）缆将船首尾缚紧，固定在码头上，防止船体左右摆动，以至倾覆。船舶主甲板上、货舱内载有重量很大的物体时，应采取硬物塞垫、绳绑拴牢的方法，防止物体的滑动；船靠码头时，可用装卸吊机将其卸到岸上，防止船体发生倾斜时，这些物体也随之倾斜，加剧船体倾斜度，导致倾覆。停靠在码头上的船舶，如发生倾斜，可调用港口浮吊前来救助。

（2）登船灭火安全　灭火战斗中，火场指挥员必须采取必要措施，确保全体指战员安全。

从消防艇登上起火船时，应穿救生衣，注意船和消防艇的高度差以及风浪引起的船舶上下晃动，防止掉入水中。船舶内部有许多狭窄的夹壁，构造复杂的大型船舶内部张贴有结构图，应看结构图了解内部结构后方可进入船内。凡进入船舱内部进行灭火的人员，均应佩戴个人防护器具，携带照明用具，每组至少2人，不得单独行动，并使用导向绳保持舱内外的经常联系。距离较远可采用"接力"联系，装备"头盔台"的，可用明语联系。

进入高温舱室进行灭火，应组织人员用喷雾水流跟进掩护。当水面风浪较大，船舶摇摆剧烈，人员在甲板上行走困难时，登船消防人员应利用腰绳做安全索，牵绳行走，防止失足滑倒、摔伤或掉

第五章　灭火技术与战术

入水中。对深入船舱内部的战斗人员要严加控制，定时检点，严格把握进舱作业时间，如扑救时间较长，应组织替换。进入正在制造、拆卸或维修的船楼内灭火（侦察）的消防人员，在烟雾弥漫的舱室内和走廊行走时，要用脚或水枪试探甲板虚实，缓步前进，防止不慎跌入未盖好的孔洞或楼梯，造成事故。实施封舱窒息灭火时，应在确定舱内确无人员，并有保障措施的情况下方可进行。实施灌舱沉船灭火时，必须征得船长、港口和有关上级部门的同意。沉船地点由港口水上安全监督部门指定，不能沉没在港口的航道上和主要码头边。

3. 扑救飞机火灾安全

飞机火灾种类很多，燃烧部位也各不相同，飞机发生火灾，一般应注意以下安全。

消防车进入飞机跑道时，首先和机场管理部门联系，确认已发出禁止飞机起降的命令后方可进入。

消防车停车位置受起火飞机所在的地形、风向、起火部位等情况的制约，一般应距起火飞机 30m 以外上风和侧上风停车，防止浓烟遮拦消防人员视线，便于消防员从辐射热较弱的上风向抵近飞机作战，并防止油箱爆炸后，燃油随风向飞溅到消防车上。

消防车应避免停在低凹处，以防止地面流淌火向凹处流淌，威胁消防车安全。有大量燃料流出时，火灾会急剧扩大，接近飞机时，应有应急撤离方案。

飞机着火，一般是油品燃烧，辐射热较强，靠近灭火的队员和救助队员应穿防火隔热服、戴面罩，进入飞机内部的人员要戴空气呼吸器。破拆飞机时，务必小心操作，防止产生火花引燃燃料油。特别是在破拆镁合金材料时，注意防止发生镁合金燃烧。

火灾现场及其周围应划分警戒区，设置严禁烟火标志，严格控制在危险区内进行灭火、抢险作业的人数。

4. 扑救高速公路火灾事故安全

当人员被困在车内，在利用各种专用扩张器材和破拆器具打开车门、车身时，一定要防止金属碰撞产生火花，引起油蒸气爆炸，造成意外伤亡。还应避免救人时造成新的翻车事故。要注意自身安全。消防队在出动途中，尤其在被迫不按正常线路行驶时，要注意行车安全；在扑救过程中，要注意防止汽车油箱及车载危险品发生爆炸；应备有一定数量的防毒器材。要与高速公路管理部门、交通管理部门搞好协同，及时设置危险标志和采取必要的安全防护措施；控制公路行车，实行交通管制；利用高速公路管理部门的专用清障车辆将事故车辆拖至安全地点等。

5. 扑救城市轨道列车安全

扑救城市轨道列车火灾应把保障旅客生命安全放在首位，把"救人第一"的原则贯彻到火灾扑救工作的自始至终。接警后应设法和列车运行中心取得联系，对运行中的列车采取相应措施；在内攻射水与疏散过程中，应防止触电事故；在灭火疏散过程中，应充分利用内部消防设施，如在出口烟雾弥漫处开启喷雾灭火系统或利用地下消火栓，在出口附近用喷雾水降温消烟掩护疏散，防止轰燃。

城市轨道列车起火后通常要紧急停车，但如果是在狭长隧道内发生火灾，可先将起火车厢的旅客疏散到相邻车厢避难（尽可能在着火刚发生后疏散），再关闭过道门、车窗，列车可以连挂着起火车厢继续运行，拖出隧道后再灭火。列车继续运行时，尽量将着火车厢的旅客向前部车厢引导，若向后部车厢疏散，应尽可能在车厢内避难，疏散下车的旅客应立即进入未起火车厢，以防止大量的毒性气体、烟雾对旅客的侵害。

四、扑救地下建筑火灾的自我防护

1. 深入地下侦察安全

当火势已封锁出入口，有大量高温烟火窜出时不得深入地下，待条件允许时方可深入，或通过其他尚安全的洞口进入地下侦察。侦察人员深入地下，必须佩戴好安全防护装具（呼吸器、隔热服、照明、火源探测器通信器材、导向绳、破拆工具等），并注意呼吸

器允许使用时间，随时与地面保持联系；侦察组不得少于三人，深入地下时应有喷雾水流掩护；深入地下前，侦察人员必须掌握好地下建筑的平面布置及其他情况，组织好救援组，由防毒抢险专勤人员担任，随时准备进入地下接应救助。

2. 内攻灭火安全

内攻灭火时，在出入口处一定要认真清点战斗员人数，严格控制非战斗人员进入地下建筑。应充分考虑呼吸器的有效使用时间，并随时注意内攻人员的体力消耗状况。对参战人员定时组织轮换。开启防火门铺设水带时，注意防止防火门会关闭掩卡水带而影响正常供水；进入内部灭火、救人、抢救贵重物资、排险时，必须用水枪掩护。

3. 封口窒息灭火安全

采用封口窒息灭火时，必须在确定内部无人、没有爆炸危险、无助燃氧化剂条件下实施；封闭着火区时，应尽量缩小封闭区域范围，缩短封闭灭火时间；封闭后，可以根据具体条件，灌注氮、二氧化碳、水蒸气等，加快灭火的时间。

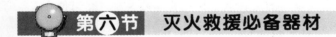

第六节　灭火救援必备器材

一、防护器材

防护器材是消防指战员灭火救援时，为了有效保护自身各部免受危害而佩戴的个人装备。按使用场合分为常规防护装备和特种防护装备两大类，这里对重点装备进行概述。

（1）消防头盔　是用于保护消防指战员自身的头部、颈部免受坠落物冲击和穿透以及热辐射、火焰、电击和侧向挤压时伤害的防护器具。

（2）消防战斗服　是保护消防指战员免受高温、蒸汽、热水、热物体以及其他危险物品伤害的保护装备；分为未经防水、阻燃处理，经防水处理和经防水、阻燃处理三种。

（3）消防手套和消防靴　用来保护消防指战员手、足和小腿等免受伤害的装备。

（4）内置式重型防化服　当对眼睛、呼吸道及表皮有直接腐蚀性危害时使用。

（5）封闭式防化服　放射性污染、军事毒剂、生化组合毒剂和化学事故现场防护。

（6）防火防化服　用于火灾和化学危害现场防护。

（7）军用防化防核服　用于防护高强度的核放射事故、军事毒剂、生化毒剂事故和化学事故。

（8）简易防化服　适用于短时间轻度污染的场合。

（9）避火服　适用于高温有火灼伤危险的场合。

（10）移动式供气源　是一套完整的自给式正压空气呼吸器装置。当需要长时间使用空气呼吸器或在无法使用个人携带式空气呼吸器的狭小空间作业时，使用移动式供气源供气。

（11）双气瓶呼吸器　用于火场浓烟、化学危险品泄漏等场所。

（12）多用途滤毒罐　在一定浓度的有害气体场所，氧气含量不低于临界值的情况下使用，尤其适合进入狭小和通风条件不好的空间。

（13）防化手套　用于处置化学灾害事故时手部的防护。

（14）电绝缘手套　适用于高电压场合。

（15）防割手套　在有割伤及摩擦场合使用。

（16）防高温手套　接触高温时使用。

二、侦检器材

侦检器材，主要是指通过人工或自动的检测方式，对火场或救援现场所有灭火数据或情况，如气体成分、放射性射线强度、火源、剩磁等进行测定的仪器和工具。如热成像仪、可燃气体和毒性气体检测仪等。

三、救生器材

救生器材是消防员在灾害现场中营救被困人员或自救的工具，品种很多，常用的主要有救生绳、救生软梯、缓降器和救生气垫等。

第七节　被困人员搜救

一、建筑倒塌现场被困人员搜救

1. 知情人导引搜索

首先询问知情人，除向单位负责人询问外，还应注意询问幸存者，搞清被困人员的位置，救援人员应该对每栋倒塌体进行分析研究，探寻被埋压在下面的人。

2. 保持现场清净

首先由搜救人员听、看确定被困者位置，注意门道、屋角、房前、床下等处，在废墟空隙，或者在排除障碍可以钻进去的地方寻找伤员，注意有无爬动的痕迹及血迹，寻找已经筋疲力尽的遇难者。

3. 利用生命探测仪器搜索

（1）声波/振动生命探测器　采用微电子技术，应用声波及振动传送原理，探测被困者发出的信号。从而推断是否有生命被困。配备影像传送，影像探头观察黑暗的空间，看清被困者及周围环境，可直接与幸存者对话通话。

（2）音频生命探测仪　E116 型生命探测仪采用特殊的电子收听装置，识别在空气或固体中传播的微小震动（即来自受害者的声音，如呼喊、敲击等），并将其多级放大转换成视听信号，同时又可将背影噪声过滤掉。

（3）电磁波生命探测器　无须接触、远距遥测到幸存者心脏跳动的电磁波，在没有震波、收不到声音、见不到影像情况下，不需与地面、建筑、或其他物体接触，甚至远隔几百米（445m），都可以探寻生命是否存在。

（4）蛇眼生命探测仪器　学名叫"光学生命探测仪"，是利用光反射进行生命探测的。仪器的主体非常柔韧，像通下水道用的蛇皮管，能在瓦砾堆中自由扭动。仪器前面有细小的探头，可深入极微小的缝隙探测，类似摄像仪器，将信息传送回来，救援队员利用观察器就可以将瓦砾深处的情况看得清清楚楚。

4. 利用搜救犬搜索

灾害现场环境往往比较嘈杂，救援人员、被困人员、无关人员交织参杂，各种生命探测仪器往往难以发挥作用，利用搜救犬则不受这些情况影响。狗的嗅觉灵敏度超过人类 1000 倍以上，对气味的辨别能力比人高出百万倍，听力是人的 18 倍，视野广阔，有在光线微弱条件下视物的能力，经过精心训练的搜救犬，嗅觉能穿透地下十多米，是国际上普遍认为搜救效果最好的"设备"。

搜救犬有三个品种：德国牧羊犬、拉布拉多犬、史宾格犬。

二、水上被困人员搜救

1. 洪涝灾难人员搜救

洪涝灾难被困人员可能会在楼上、屋顶、梁上、墙头等地势较高地方或树上、树梢上以及漂浮物上。救援人员在搜救时要重点搜寻这些位置，同时根据被救人员提供的情况，进行搜救，当发现被困人员时，救援人员可利用快艇、门桥等方法进行救援。

救援时应注意：救援的快艇通常逆流接近待救人员，这样做可使快艇处于平稳水面；在恶劣的大气情况下，待救的落水者应尽量不要横在快艇船首方向，以免造成危险；可用抛绳设备先将钢丝绳送给待救人员，然后利用滑车、救生设备和往返牵引索等向其提供有关设备物资；应该避开高压线、漩涡等；在流速较快的水域，应考虑到水流对船只及待救者的影响；注意观察待救者的位置、情况；救援人员一定要穿救生衣，并在作业中保持救生船的稳定性；

向救生船上拖拉被救者时，原则上应在船的尾部进行；根据现场情况可在水中划水配合救人。

2. 落水人员搜救

落水事故发生后直至救助队到达现场之前，一般要经过一段时间。救助队到达现场后，由于待救者大都处于淹没状态，应从目击者那里听取、了解人员坠落及淹没的位置、时间以及当时的事故情况。

（1）待救者未被淹没时的救助方法　距离河岸较近时，可向待救者投掷带有绳索的救生圈或浮力较大的漂浮物，让待救者抓住救生器具，将其扯到安全地带。另外，河岸与水面有落差时，可让待救者紧紧抓住拉梯等工具爬到岸上。距离河岸较远时，可利用救生船，或者现场附近的小船接近待救者，将其救起。

（2）待救者被淹没时的救助方法　根据目击者叙述的经过以及水面流速、风向等进行判断，确定搜寻范围和搜寻顺序；搜寻时，应在水域全面开展寻找。由于水底沉有各种杂物，容易造成死角，应特别留心观察。另外，在泥浆状的河底搜寻时，注意不要搅起泥沙而遮挡视线；将绳索沉入水底搜索时，应将绳子直接拿在手里；潜水搜索时，一定要两人一组进行，并保证与地面队员联系。另外，根据水底情况，可用水中照明的方法进行寻找；待救者被救出后，首先应消除溺水者口中、鼻内的污泥、杂草等异物，取下活动的假牙，以免坠入气管，保持呼吸道通畅，解开紧裹胸壁的内衣、胸罩、腰带等，使呼吸运动不受外力束缚，以免影响呼吸。

3. 冬天落水事故的救助方法

从岸上可触及对方时，首先鼓励对方不要害怕，不要慌张，然后让对方抓住手、衣服、绳索或木板等坚固的东西。注意如果对方体重比自己重，可让对方握住自己的一只手，自己的另一只手一定要把住岸上牢固的东西，否则会连自己一块掉入水中。对方被拉出冰面后应俯卧并以滑行的方式前进，绝对不要站起来；从岸上无法触到对方时，应推着船前往搭救；救上来后立即裹上毛毯等物品保暖，并让其喝一些温热的饮料或热汤；有被冰块刺伤部位，应予消毒包扎。

三、海上被困人员搜救

由于海难或游泳等原因，可能使人员被困于海面，由于海洋水域宽阔，人员搜救往往采用救援直升机，大型救援舰船等，海上救援应注意：

① 海上救助以救人为主，在确保人员安全的情况下，可采取有效措施救助船舶、设施、航空器和货物；

② 组织调动搜救力量应以专业救助力量为主；倡导自救互救和就近调集力量救助的方式；当救助力量不足时，可以向当地部队请求派舰船、飞机予以援助；

③ 对于政治影响较大、涉外或涉及地方利益的重大海难事故，在报告中国海上搜救中心、省海上搜救中心的同时，要报告当地政府；省海上搜救中心须分别报告省政府、省军区、中国海上搜救中心；

④ 船舶、设施、航空器在海上遇险。应在国际遇险频率上发出遇险报警或呼叫，并以最迅速的方式将出事时间、地点、受损情况、救助要求以及发生事故的原因向搜救机关报告。同时，应采取应急自救措施和寻求附近其他船舶、设施、航空器给予援助；险情消失或已获足够救助力量时，应立即通知有关搜救单位；

⑤ 搜救行动现场指挥一般由专业救助船舶担任。在现场指挥未指定时，先期抵达现场的船舶应自动承担起现场指挥的职责。当专业救助船舶抵达后可改由专业救助船舶任现场指挥，搜救指挥机关也可指定现场指挥；

⑥ 船舶、设施、航空器在海上处于紧急状态，根据其紧急程度分为不明、告警、遇险三个阶段。各级阶段划分和处置程序由海上搜救中心另行制定；

⑦ 现场指挥负责执行、传达搜救机关的命令，协助搜救现场通讯，为参与搜救的船舶、航空器分配搜寻区域，划定安全间距，并协助制定搜寻方式；搜寻成功时，指定现场装备最适当的船舶、

航空器进行救助；

⑧ 当确认遇险人员没有任何幸存可能或所有的可能海域均已搜寻遍时，搜救行动可宣告结束，结束搜救行动一般由组织搜救的机关负责；

⑨ 对伤病员的救助，应根据求救船方要求，就近派适航船接运或安排该船驶入港口。同时，应通知当地卫生行政部门，由其通知医疗单位做好抢救准备。如系外籍船舶须同时通知有关船舶管理、检疫、代理等部门。

第六章

消防救援技术

图 6.1 横坑救助

第一节　平面救援

地平面（以下简称平面）是人们生产生活的主要场所。对于地平面发生的事故，救援人员主要采取以下两种方式进入现场并实施救援。

一、匍匐救助（横坑救助）

匍匐救助是指救助队员以单独进入的方式，救出处于下水道等狭窄的横坑内因沼气或缺氧等原因而造成伤害的待救者（见图6.1）。此方法是由战斗员佩戴空气呼吸器，系好保护绳，以匍匐的姿势进入横坑，将待救者拖拉救出。

1. 使用的器材

① 空气呼吸器1套；

② 绳索（30～50m）1条；

③ 短绳2条；

④ 安全钩1个；

⑤ 毛巾或三角布1块。

2. 救助要领

① 作业队员佩戴好空气呼吸器，将短绳用卷结、半结系在两

脚上，携带毛巾或三角布进入横坑。

② 保护队员在救助绳的一端打成腰结，并在腰结上挂上安全钩，然后，将安全钩挂在作业队员脚上的短绳上进行保护。

③ 作业队员用毛巾或三角布，将待救者的双手用双平结系紧，并挂在脖子上，一边后退，一边将待救者拉拽出横坑。

④ 保护队员配合作业队员的操作，进行保护。

3. 注意事项

① 准确地掌握内部是否缺氧，有无有毒气体及可燃气体等情况，并针对事故的原因采取必要的措施后进入，确定多种安全对策。

② 进入时可采取垂直缚着，使战斗员从脚部垂直进入，以便发生不测后，可从头部拖拉救出。

③ 防止因恐惧感、不安全感等造成救助技术下降，实战中尽可能让两名以上战斗员进入。

④ 待救者救出时，为避免头部撞击障碍物，应一边保护一边救出。

⑤ 战斗员进入前确认空气呼吸器的气瓶压力，设定作业时间后进入。

⑥ 确定信号联络方式，以生命呼吸器或进入战斗员腰部连接的保护绳传递信号。

⑦ 地面的保护人员在保护的过程中，要绷紧保护绳，以准确传递绳索信号。

⑧ 在实战中，在地面进入的起点位置，必须严格控制及掌握人员进入数量。

二、拖拉救助

拖拉救助是指将晕倒在火灾现场浓烟中的待救者运送到安全地带的方法（见图 6.2）。

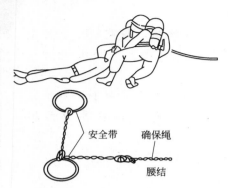

安全带　确保绳

腰结

图 6.2　拖拉救助

1. 使用的器材

① 空气呼吸器 2 套；

② 绳索（30～50m）1 条；

③ 附保险绳的安全带 2 条。

2. 救助要领

① 2 名救助队员佩戴呼吸器，将附有保险绳的安全带以图 6.2 方法系在保护绳上，进入灾害现场。

② 发现待救者后，向保护队员发出信号，同时，将待救者的上衣领子放松，并用手将后衣领向上提起。

向保护队员发出开始作业的信号后，将待救者拖拉到安全地带。

③ 保护队员配合作业队员的行动，操作保护绳。

3. 保护上的注意事项

① 作业过程中不要让待救者的头部碰到地面等坚硬处；

② 操作保护绳时应注意不要妨碍作业队员的行动。

第二节　凹处救援

随着经济的发展和人口的增加，地下建筑越来越多。在地下低处展开救助时，由于作业空间小，危险因素多，救援人员必须掌握相应的专业技能和方法，才能有效实施救援和保护自身的安全。

一、拉梯吊升救出

根据现场情况，当采取身体保护法救助待救者比较困难时，利用器材（动力滑轮等）实施救人比较有效（见图 6.3）。

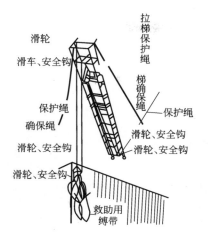

图 6.3　拉梯吊升救出

1. 拉梯吊升制作要领。

① 在三节拉梯（保持缩梯状态）两侧的主干上部分别系上保护绳。

② 从拉梯顶部（2～3 格之间）的横梁上，用小绳、安全钩安装上滑轮。然后，在底部的横梁上也安装同样的滑轮。

③ 将牵引绳（注意绳与横梁接触的角度）穿过底部的滑轮，然后，再穿过顶部的滑轮，将绳的余长从背面系在上部横梁上。

④ 用绳的余长安装安全钩和滑轮，做成动态滑轮。

⑤ 拉梯角度保持在 60°～70°，用保护绳调节后，系在坚实的固定物上。

2. 注意事项

① 拉梯的保护绳保持均衡状态。

② 固定拉梯底部，容易进行牵引用救助绳的操作。

③ 操作牵引绳时，应边观察拉梯状态，边操作。

④ 无固定物时，可用身体保护法或腰部保护法实施保护。

二、吊桶式打捞救出

吊桶式打捞救出，是使用绳索、小绳、安全钩、滑轮，将待救者由凹处拉上来的方法（见图6.4）。

1. 制作要领（见图6.5）

图6.4　吊桶式打捞救出

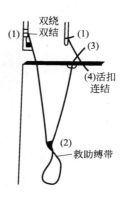

图6.5　制作要领

① 将绳索一端系在上部的固定物上。

② 在绳索上面安装牵引待救者的滑轮和安全钩。

③ 将安有滑轮、安全钩的绳索顺到下面，队员拿住其末端。

④ 在队员握着的绳上用小绳打上活扣。

⑤ 将打上活扣的小绳余长系在固定物体上。

2. 操作要领

① 将待救者系在用安全钩、滑轮制作的打捞绳上。

② 一名队员引拉长绳，另一名队员向下挪动活扣。

③ 重复②的动作进行打捞。

备注：系活扣可暂时支撑住打捞的全部重量。

3. 注意事项

打捞时，一人也可操作。如与挪动活扣的队员配合作业更为安全。

三、坐席打捞救出

坐席打捞救出是给待救者制作坐席，用安全钩与打捞绳索连接起来，进行打捞的方法。

1. 制作要领（见图 6.6）

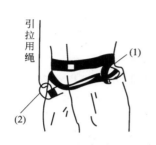

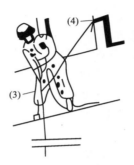

图 6.6 坐席打捞救出制作要领

① 给待救者制作坐席，挂上安全钩。

② 从上部放下打捞绳，在待救者的坐席安全钩上用腰结法连接。

③ 在打捞位置，用短绳在打捞绳上打上活扣。

④ 将短绳的余长系在固定物体上。

2. 操作要领

① 救助队员一边牵引拉绳，一边挪动活扣。

② 重复进行①的动作。

③ 待救者将两脚蹬在壁面上，边保持身体稳定，边随着牵引进行攀登。

3. 注意事项

根据待救者的状态，使用小绳将其上体保护在打捞绳上。

四、竖井救出

竖井救出是指救援人员佩戴空气呼吸器或移动供气源将处于下水道、水井、电缆沟等入口狭窄的竖井内因坠落、缺氧、气体中毒等原因而窒息、神志昏迷的待救者安全救出的一种方法。

1. 竖井救出的 4 种方法

经现场勘查，根据现场的具体情况，可选择相应的救出方法。

（1）坐席打捞法　对于神志清醒，四肢有一定活动能力的落井人员，可采用此种方法救出。具体内容参见本节"坐席打捞救出"部分。

（2）直立下井救人　井口直径较大，而且落井人员受伤或已昏迷，可采用此方法。

① 将保护绳系在固定物上或者准备好的三角支架上，另一头打好安全绳结（双股单结），并佩戴安全钩。

② 救援人员系上安全绳，如果井口过小，可以先戴上呼吸器面罩，通过进入口以后稳定身体，再佩戴从上面递下来的呼吸器主体，进入井内。

③ 进入井内，用双套腰结法背负被救者，然后准备出井。

④ 快到达井口时，与井上的救助人员配合将被救者救出。

⑤ 返回时，按照进入时相反的顺序，在进入口的正下方卸下呼吸器的主体，返回地面后再卸下面罩。

（3）悬垂倒立救人　井口和井内空间都十分狭小，只能一人垂直上下时，可采用此方法下井救出，但该方法难度和危险性较大。

① 将保护绳系在固定物上或者准备好的三角支架上，并安装滑轮，另一头打好安全绳结，并佩戴安全钩。

② 消防员系上安全绳结（腰结），然后于井口上方悬垂倒立。

③ 下井后，可以选择上述的拉梯吊升法或坐席打捞法，将事先准备好的绳结打在被救者身上，也可以抱持住被救者，将其拉出井外。

④ 井下准备完毕后，与井上救援人员联系，将其拉出竖井。

（4）挖掘法救人　当井口已垮塌，造成人员被掩埋，或是落井者被卡在井管中无法向上提升，在其他方案无法实施时，应及时调集挖掘机等工程机械到现场实施挖掘救人。挖掘法救人，应从井的一侧往下挖，挖到落井人员所处的深度时，然后再移开或凿开井壁管道救人。如果挖掘深度过深，坡度太大，不适合大型机械工作时，应急时采用人工挖掘。通过机械开挖和人工开挖结合的形式，挖掘的深度达到落井人员所处的深度时，立即横向掏洞，在落井人员上方凿井或移开井管，展开施救。

2. 注意事项

（1）救助开展之前应对现场进行侦察，查明内部情况，对井内人员及井内可能存在的危险因素进行评估。

（2）第一时间内，及时向井下输氧或用气泵将新鲜空气送入井下。

（3）救援人员进入前确认空气呼吸器的气瓶压力，设定作业时间进入。

（4）确认信号联络方式，以生命呼吸器或救援人员腰部连接的保护绳传递信号。

（5）竖井内缺氧时，救援人员不要从入口随意窥视；需要观察竖井内时要佩戴空气呼吸器；利用送排风机等进行送风。

（6）在挖掘作业时，一定要有安全观察员，时刻观察救援进展情况，避免挖掘机撞坏井壁，发生塌方，威胁落井人员安全。

第三节 立体救援

在高层建筑火灾或建筑施工现场的救援过程中，救援人员应充分利用现场设施，以及绳索、梯子、云梯车等器材装备进行救援。

一、拉梯紧急救出

拉梯紧急救出是一种简便易行，以架设着的梯子横梁为支点，用绳索进行保护，救出待救者的方法（见图 6.7）。

1. 救助要领

① 将缚着待救者的保护绳固定在拉梯的横梁上；

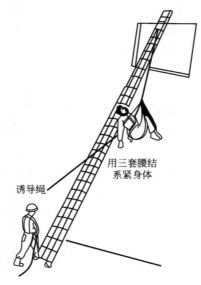

诱导绳

用三套腰结
系紧身体

图 6.7　拉梯紧急救出

② 在拉梯下面，用肩部立姿进行保护。

2. 使用的器材

① 三节拉梯 1 架。

② 救助绳（20～30m）1 条。

③ 皮手套 1 副。

3. 注意事项

① 确认拉梯底部是否牢固。

② 用绳索缚住待救者，由高处下降时要注意待救者的姿势、拉梯的稳定性以及保护程度。

③ 操作保护绳时要平稳。

④ 不要让待救者直接着地，要用手接住并平稳地运送。

⑤ 进行训练时要用保护材料加固拉梯的横梁部位。

二、搂抱救出

搂抱救出是利用拉梯将待救者由高处运送到安全地带的方法。

作业时，队员应一边保护待救者的安全，一边缓缓下降（见图6.8）。

方法一　　　　　方法二　　　　　方法三

图 6.8　搂抱救出

1. 救助要领

① 队员应站在待救者的下方。

② 作业时，两手一定要抱住待救者的身体，一条腿倚在待救者两腿之间。

③ 对有行动能力的待救者进行救助时，使用方法一；对无意识、没有行动能力的待救者，使用方法二或方法三，以抱在怀里实施运送为佳。

使用这种方法辅助下降时，即使途中待救者失去意识，救助队员也可用腿膝和两臂支撑住待救者。

待救者丧失意识时，可将其放到腿膝上，进行下滑下降。

2. 注意事项

① 辅助待救者下降时，队员的一条腿应始终倚在待救者的两腿之间；

② 作业时，一边对待救者发出"左"或"右"的指示信号，一边指导待救者下降；

③ 将待救者放在腿膝上时，腰部要略微后仰，以将其牢牢地抱住。

三、拉梯水平救出

在救助作业中，时常需将待救者以水平状态从高处运送下来。拉梯水平救出，就是拉梯、担架、绳索并用的一种救人方法（见图6.9）。

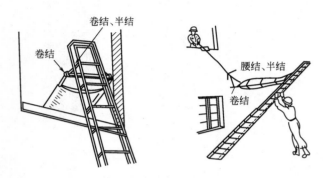

图 6.9　拉梯水平救出

1. 作业要领

① 在拉梯的顶端，用小绳与担架底部支柱连接。

② 在担架的前端（头部）连接上保护绳。

③ 将拉梯的底部靠近建筑物。

④ 一名队员在地面与室内保护队员配合，慢慢放倒拉梯，室内保护队员将绳送出，作业过程中始终将担架保持在水平状态，操作绳索下降。

2. 使用的器材

① 拉梯（二节或三节拉梯）1 架。

② 担架 1 副。

③ 救助绳（30～50m）1 条。

④ 短绳 1 条。

3. 注意事项

① 保持拉梯底部的牢固。

② 操作保护绳时要谨慎，另外，可利用地形、地物加以保护。

③ 担架前部（头部）应比尾部略高一些。

四、一点吊担架水平救出

一点吊担架水平救出，是将被困在高处的待救者绑缚在担架上，在保持水平状态的情况下，用绳索、安全钩等工具，将其运送到安全地带的方法（见图6.10）。

1. 救助要领

用两根小绳在担架的两端，分别用卷结、半结法连接。在小绳的中心部位打成单结，用安全钩将两端连在一起，并将保护绳（两根）用腰结和半结法连接在安全钩上。如图6.11所示。

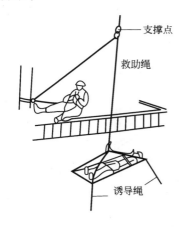

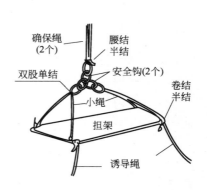

图6.10 一点吊担架水平救出　　　　图6.11 救人要领

指挥员一边注意担架状态，一边向保护队员指示放松绳索，使担架缓缓下降，注意不要强拉诱导绳。另外，设置担架时，应掌握好间隙，以免下降时撞到壁面。

2. 使用的器材

① 担架1副。

② 绳索（30～50m）3条。

③ 小绳3条。

消防员读本

④ 安全钩 8 个。

⑤ 绳索保护布 5 块。

3．作业注意事项

① 被救者头部位置应比脚部略高一些。

② 根据实施场所的情况，保护队员要采取自我保护措施。

③ 尽可能设定保护绳的支撑点。

④ 把握保护绳的延长伸展状况。

五、桥梁斜下救出

桥梁斜下救出是主要用于在建筑物的高层发生火灾或其他灾害时，楼梯不能正常使用的情况下，救出被困者的方法（见图 6.12）。

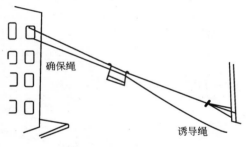

图 6.12　桥梁斜下救出

1．担架的制作和悬挂方法（见图 6.13～图 6.15）

① 在担架两端支柱上，将小绳分别用卷结和半结法连接。

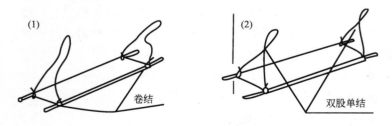

图 6.13　担架制作和悬挂方法图一

190

(3)

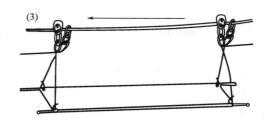

图 6.14 担架制作和悬挂方法图二

确保绳

诱导绳

图 6.15 担架制作和悬挂方法图三

② 在小绳中心打成单结。

③ 分别用滑轮和安全钩与单结连接在一起，吊挂在绳索上。

④ 将两边的单结用小绳连接在一起，然后，在相反方向系上保护绳和诱导绳。

2. 操作要领

① 制作担架，绑缚待救者。

② 将辅助滑轮的安全钩挂在绳上，投下诱导保护绳，操作保护绳。

③ 将担架送出室外，在确保安全的情况下，平稳下降担架。

3. 注意事项

① 下降时，平稳地操作保护绳，速度不要过快，接近下端时更要缓慢停。

② 悬挂担架时，头部要朝上方。

③ 倾斜度较大时，在保护绳上取一支点加以保护。

④ 整理好保护绳，顺利地送出担架。

六、悬挂法

悬挂法是运用安全钩制动进行悬垂下降，将轻伤者或过度疲劳的队员从高处紧急运送下来的方法（见图 6.16）。

1. 作业要领 （见图 6.17）

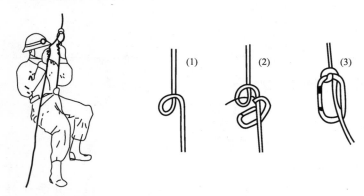

图 6.16　悬挂法　　　　　图 6.17　悬挂法作业要领

① 制作悬垂线。

② 为下降者制作坐席。

③ 坐席安全钩和制动安全钩用小绳连接起来。

④ 将悬垂绳卷在制动安全钩上。

⑤ 在悬垂绳的下端挂 5～10kg 的重物，或在下方系上牵引绳。制动安全钩应放在下降者的前面。

2. 操作要领

① 下降者用左手握住制动安全钩下部的绳。

② 用右手握住悬垂绳，边放松绳索，边下降。

③ 下降时，将右手上的绳向下拉即可制动。

3. 注意事项

使用这种方法时，对绳索的损伤比较大，因此不宜时间过长。

七、背负救出

背负救出是救助队员背着负伤者，用坐席悬垂法实施救人的方法。

1. 背负方法（见图 6.18）

(1) 　　(2) 　　(3)

图 6.18　背负方法

① 将负伤者尽可能地背在背的上部，然后，将绳索的中央贴在负伤者背上，并从负伤者的两肋下通过队员的肩放在前面。

② 绳索放在救助队员的胸部交叉，并将左右侧的绳分别从外侧绕过负伤者的左右腿。

③ 将绕过去的绳分别穿过负伤者腿的下面，放到交叉在救助队员胸部的绳的上面。将绳在救助队员的腹部打成双平结，然后打成半结固定。

④ 说明

a. 将绳在待救者的胸部交叉并捻 2～3 次。

b. 结的扣打在制动的相反方向，以防悬垂下降时产生障碍。

2. 下降要领（见图 6.19）

① 将悬垂绳在坐席安全钩上绕两周。

② 给负伤者戴上安全帽，以

(1)　(2)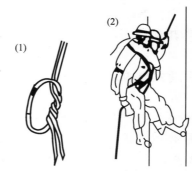

图 6.19　背负救出的下降

193

防被高空坠落物砸伤。

③ 左手伸直握住悬垂绳的上方。

④ 右手从负伤者腿的外侧握住救助队员与负伤者两腿之间的悬垂绳，注意立足点的同时平稳下降。

3. 注意事项

① 救助队员一定要将悬垂绳在坐席的安全钩上绕两周，并注意绳索走向。

② 悬垂点一定要坚固牢靠。

③ 连接悬垂绳一定要认真仔细。

④ 制动的手绝对不能离开悬垂绳。

⑤ 下降时，将腿挺直，脚底与壁面平行下降。

八、担架垂直降下救出

担架垂直降下救出是使用担架将待救者保持垂直状态同时，将其救出的方法。

1. 作业要领

设定两条悬垂线（悬垂线之间的距离约 1m），制作担架保护绳的支撑点。

将待救者缚着在担架上，连接保护绳，运用坐席悬垂法，两名救助队员握住担架两侧，与保护绳操作人员相互配合，将待救者降下。

2. 操作要领（见图 6.20）

① 用两根小绳的末端，在负伤者的大腿部分别用腰结法系紧。

② 将短绳的余长在负伤者的腹部交叉，卷在担架前部的支柱上。

③ 在负伤者的胸部打成双平结和半结。

④ 再用两根小绳的末端分别卷在担架前部的支柱上，用腰结方法系紧。

⑤ 将小绳的余长在负伤者的上面交叉，卷在下部的担架支柱

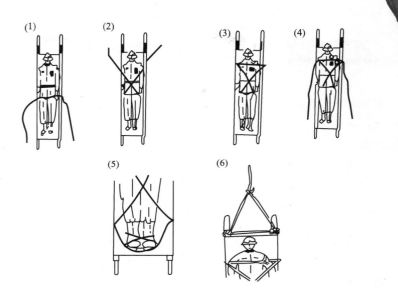

图 6.20　担架垂直降下救出

上，然后，在脚底上盘绕，并在脚背上打成双平结和半结固定。

　　⑥ 将保护绳用卷结系在担架的两支柱上，用半结法系紧，然后，在等边三角形的顶点打成腰结和半结固定。

3. 降下救出

　　① 设定两条悬垂线和上部支撑点。

　　② 担架缚着完毕后，救助队员（两名）用坐席悬垂法做好救出准备。

　　③ 将担架保护绳通过前部支撑点，利用腰部（或肩部）保护法进行保护。

4. 注意事项

　　① 充分考虑保护绳的延伸长度，做好安全保护；

　　② 将担架从水平状态作垂直下降准备时，注意待救者的缚着情况，平稳作业；

　　③ 做坐席悬垂的两名救助队员要牢固地握住担架，配合保护队员的操作缓缓下降。

消防员读本

第四节 外伤急救基本技术

灾害事故发生后，为了使遇难人员尽快脱险，在专业医疗救护人员未赶到之前，先期到场的消防人员在处理外伤人员时，需掌握现场止血、包扎、固定、搬运四大外伤急救技术。

一、外伤出血与止血技术

出血是任何创伤均可发生的并发症，又是主症，它是威胁伤（病）员生命的十分重要的因素之一。出血有性质、种类、多少之分，应采取相应的止血方法和步骤。但无论遇到哪种出血都应采取有效、可靠的方法，分秒必争地止血，才能降低伤（病）员的损失，特别是大出血的急救，是挽救伤（病）员生命刻不容缓的大事。

1. 出血量与主症

失血量和速度是威胁健康生命的关键因素。几分钟内急性失血1000mL，生命即会受到威胁。十几小时内慢性出血2000mL，不一定引起死亡。以出血量多少而分为大、中、小出血。不同出血量能引起的主要症状见表6.1。

表 6.1　出血量及主要症状

种类	出血量	占体内总血量体积分数/%	主　要　症　状
小	<500mL	10～15	症状不明显
中	<1500mL	15～30	头晕,眼花,心慌,面色苍白,呼吸困难,脉细,血压下降
大	>1500mL	30 以上	严重呼吸困难,心力衰竭,休克,出冷汗,四肢发凉,血压下降

2. 出血性质的判断

（1）毛细血管出血　　毛细血管是存在于身体各部位的微细血管，是血液进行气体和代谢物质交换的地方。由于毛细血管管壁微

196

细、数量多，所以，毛细血管出血往往呈弥漫的渗血，呈点状或片状渗出，颜色鲜红，可自愈。

（2）静脉出血　静脉血管是把全身血液运回心脏去的血管，管壁薄而缺乏弹性。静脉出血时血液呈涌出状或缓慢流出无搏动，颜色暗红，多不能自愈。

（3）动脉出血　动脉是把血液从心脏输送到全身去的血管，管壁厚、硬而具有弹性。动脉出血往往是随心脏跳动，血液一股股地往外喷射，有搏动，鲜红色，失血速度快，出血量大，危险性也大，多经急救尚能止血。

（4）混合出血　一般在动、静脉出血时，混合性出血比较常见，且兼具上述三种单纯性出血的特点。止血时，以动脉、静脉止血为主。

3. 现场止血法

（1）一般止血法　创口小的出血，局部用生理盐水冲洗，周围用75％酒精涂擦消毒。涂擦时，先从近伤口处向外周擦，然后盖上无菌纱布，用绷带包紧即可。如头皮或毛发部位出血，应剃去毛发再清洗、消毒后包扎。

（2）指压止血法　在伤口上方，将中等或较大的出血血管的靠心端，用手指或手掌把血管压迫于深部的骨头上，以此阻断血液的流通，起到止血的作用。有时破损的动脉不止一条，必须仔细检查，压住每一条出血的动脉。此法止血，只适用于应急状态下、短时间控制出血，应随时创造条件，采取其他止血方法。

① 头顶部出血　一侧头顶部出血，可用食指或拇指压迫同侧耳前方搏动点（颞浅动脉）止血，如图6.21所示。

② 颜面部出血　一侧颜面部出血，可用食指或拇指压迫同侧下颌骨下缘、下颌角前方约3cm处的凹陷处。此处可触及一搏动点（面动脉），压迫此点可控制一侧颜面出血，如图6.22所示。

③ 头面部出血　一侧头面部出血，可用拇指或其他四指压迫同侧气管外侧与胸锁乳突肌前缘中点之间搏动点（颈总动脉）控制出血，如图6.23所示。

 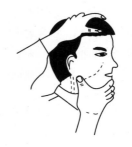

图 6.21 头顶部出血指压止血法　　图 6.22 颜面部出血指压止血法

④ 肩腋部出血　可用拇指或食指压迫同侧锁骨上窝中部的搏动处（锁骨下动脉），将其压向深处的第一肋骨方向控制出血，如图 6.24 所示。

 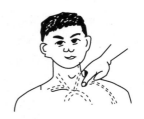

图 6.23 头面部出血指压止血法　　图 6.24 肩腋部出血指压止血法

⑤ 前臂或上臂出血　可用拇指或其余四指压迫上臂内侧肱二头肌肱骨之间的搏动点（肱动脉）控制出血，如图 6.25 所示。

⑥ 手部或手掌部出血　救护者用两手拇指分别压迫手腕横纹稍上处，内外侧（尺、桡动脉）各有一搏动点，即可止血，如图 6.26 所示。自救时可用拇指和食指分别压迫上述两点。

⑦ 大腿以下出血　自救可用双拇指重叠用力压迫大腿上端腹股沟中点稍下方的搏动点（股动脉）控制出血。互救时，可用手掌压迫控制出血。如图 6.27 所示。

⑧ 足部出血　可用两手食指或拇指分别压迫足背中部近踝关

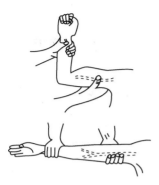

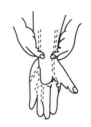

图 6.25　前臂或上臂出血指压止血法　　图 6.26　手部或手掌出血指压止血法

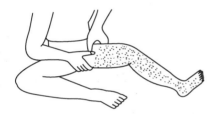

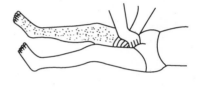

图 6.27　大腿以下出血指压止血法

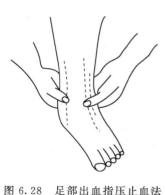

图 6.28　足部出血指压止血法

节处的搏动点（足背动脉）和足跟内侧与内踝之间的搏动点（胫后动脉）控制出血，如图 6.28 所示。

（3）填塞止血法　对软组织内的血管损伤出血，用无菌绷带、纱布填入伤口内压紧，外加大块无菌敷料加压包裹，如图 6.29(c) 所示。

（4）加压包扎止血法　加压包扎止血法，主要用于静脉、毛细血管或小动脉出血，速度和出血量不是很快、很大的情况下。止血时先用纱布、棉垫、绷带、布类等做成垫子放在伤口的无菌敷料上，再用绷带或三角巾适度加压包扎，松紧要适中，以免因过紧影响必要的血液循环，而造成局部组织缺血性坏

死，或过松达不到控制出血的目的，见图 6.29。

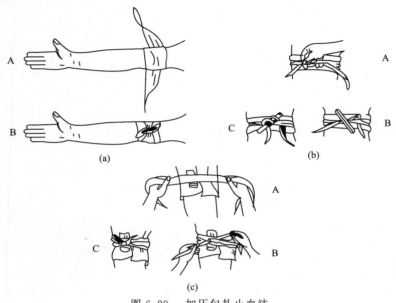

图 6.29　加压包扎止血法

（5）止血带止血法　常用的有橡皮和布制两种。在紧急情况下常选用绷带、布带（衣服扯成条状）、裤带、毛巾代替。

① 橡皮止血带止血法　在肢体的恰当部位如股部的中下 1/3、上臂的中下 1/3，用纱布、棉布或毛巾、衣服等物作为衬垫后再上止血带。用左手的拇指、食指、中指持止血带的头端，将长的尾端绕肢体一圈后压住头端，再绕肢体一圈，然后用左手食指、中指夹住尾端后，将尾端从止血带下拉过，由另一缘牵出，系成一个活结，见图 6.30。

② 使用止血带止血注意事项

a. 要严格掌握止血带的适应证，当四肢大动脉出血用加压包扎不能止血时，才能使用止血带。

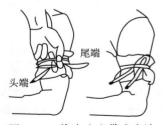

图 6.30　橡皮止血带止血法

200

b. 止血带不能直接扎在皮肤上，应用棉花、薄布片加衬垫，以隔开皮肤和止血带。

c. 止血带连续使用时间不能超过 5h，避免发生急性肾功能衰竭或止血带休克或肢体坏死。每 30min 或 60min 要慢慢松开止血带 1～3min。

d. 松解止血带前，应先输液或输血，准备好止血用品，然后再松开止血带。

e. 上止血带松紧要适当，以上后血止并摸不到动脉搏动为度。

f. 用空气止血带时，上肢压力不能超过 41kPa（308mmHg），下肢压力不能超过 68kPa（512mmHg）。

二、伤口包扎技术

包扎伤口是各种外伤中最常用、最重要、最基本的急救技术之一。包扎伤口的目的是要达到压迫止血、保护伤口、减少伤口污染、固定敷料、固定骨折和减少疼痛等效果。在紧急情况下，往往手下无消毒药和无菌纱布、绷带和三角巾等，只好用比较干净的衣服、毛巾、被单、包袱皮、白布代用。包扎的要求如下。

① 不能过紧，以防引起疼痛和肿胀；不宜过松，以防脱落。

② 从远端缠向近端。

③ 伤口小、出血需利用绷带加压包扎时，必须将远端都用绷带缠起来，切忌在肢体中间缠一段，以免造成血液不能回流，发生肿胀。

④ 露出指、趾，注意观察血液循环，及时调整松紧。

⑤ 绷带头必须压住，以免松脱，圈与圈重叠以及 1/3 宽度为宜。

1. 绷带使用法

（1）环形法　将绷带作环形缠绕，第一圈作环绕稍呈斜形，第二圈应与第一圈重叠，第三圈作环形。环形法通常用于肢体粗细相等部位，如胸、四肢、腹部（见图 6.31）。

（2）螺旋反折法　先作螺旋状缠绕，待到渐粗的地方就每圈把绷带反折一下，盖住前圈的 1/3～1/2，由下而上缠绕（见图 6.32）。用于四肢包扎。

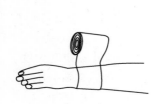

图 6.31　环形法

图 6.32　螺旋反折法

（3）螺旋法　使绷带螺旋向上，每圈应压在前一圈的 1/2 处（见图 6.33）。适用于四肢和躯干等处。

（4）8 字形法　本包扎法是一圈向上，再一圈向下，每圈在正面和前一周相交叉，并压盖前一圈的 1/2（见图 6.34）。多用于肩、骼、膝、髁等处。

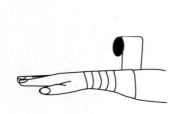

图 6.33　螺旋法

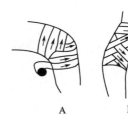

图 6.34　8 字形法

用上述方法时，手指、脚趾无创伤时应暴露在外，以观察血液循环情况，如疼痛、水肿、发紫等。

（5）回反法　本法多用于头和断肢端。用绷带多次来回反折。第一圈常从中央开始，接着各圈一左一右，直至将伤口全部包住，再作环形将所反折的各端包扎固定。此法常需要一位助手在回反折时按压一下绷带的反折端。松紧要适度（见图 6.35）。

(a)   (b)   (c)

图 6.35　回反法

2. 三角巾包扎法

（1）头部三角巾包扎法　将三角巾底边的正中点放在前额眉弓上部，顶角拉到枕后，然后将底边经耳上向后扎紧压住顶角，在颈后交叉，再经耳上到额部拉紧打结，最后将顶角向上反折嵌入底边用胶布或别针固定（见图 6.36）。

 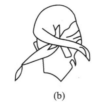  

(a)   (b)   (c)   (d)

图 6.36　头部三角巾包扎法

（2）三角巾上肢包扎法　将三角巾铺于伤员胸前，顶角对准肘关节稍外侧，屈曲前臂并压住三角巾，底边二头绕过颈部在颈后打结，肘部顶角反折用别针扣住（见图 6.37）。

三、骨折固定技术

固定对骨折、关节严重损伤、肢体挤压伤和大面积软组织损伤等能起到很好的固定作用。可以临时减轻痛苦，减少并发症，有利于伤员的后送。对开放性软组织损伤应先止血，再包扎。固定时松紧适度，牢固可靠。固定技术分外固定和内固定两种。院外急救多受条件限制，只能做外固定。目前最常用的外固定有小夹板、石膏绷带、外展架等。

1. 小夹板固定

（1）方法　可用木板、竹片或杉树皮等，削成长宽合度的小夹板。固定骨折时，小夹板与皮肤之间要垫些棉花类的东西，用绷带或布条固定在小夹板上更好，以防损伤皮肉。此法固定范围较石膏绷带小，但能有效防止骨折端的移位，因其不包括骨折的上下关节，故而便于及时进行功能锻炼，防止发生关节僵硬等并发症，具有确实可靠、骨折愈合快、功能恢复好、治疗费用低等优点。

（2）适应证

① 四肢闭合性管状骨折。

② 四肢开放性骨折，创面小，经处理后创口已愈合者。

③ 陈旧性四肢骨折适合于手法复位者。

2. 石膏绷带固定

（1）方法　用无水硫酸钙（熟石膏）的细粉末，均匀撒在特制的稀孔纱布绷带上，做成石膏绷带，经水浸泡后缠绕在肢体上数层，使成管型石膏；或做成多层重叠的石膏托，用湿纱布绷带包在肢体上，待凝固成坚固的硬壳，对骨折肢体起有效的固定作用。其优点是固定作用确实可靠。其缺点是无弹性，固定范围大，不利于患者肢体活动锻炼，且有关节僵硬等后遗症和妨碍患肢功能迅速恢复的弊病。

（2）适应证

① 小夹板难以固定的某些部位的骨折，如脊柱骨折。

② 开放性骨折，经清创缝合术后，创口尚未愈合者。

③ 某些骨、关节手术后（如关节融合术后）。

④ 畸形矫正术后。

3. 外展架固定

（1）方法　用铅丝夹板、铅板或木板制成的外展架，再用石膏绷带包于病人胸廓侧方后，可将肩、肘、腕关节固定于功能位（见图 6.38）。病人站立或卧床，均可使患肢处于高抬位置，有利于消肿、止痛、控制炎症。

图 6.37　三角巾上肢包扎法　　　图 6.38　外展架固定

（2）适应证

① 肿胀较重的上肢闭合性损伤。

② 肱骨骨折合并神经损伤。

③ 臂丛牵拉伤，严重上臂或前臂开放性损伤。

④ 肩胛骨骨折。

4. 几种骨折固定技术

固定技术在急救中占有重要位置，及时、正确固定，对预防休克，防止伤口感染，避免神经、血管、骨骼、软组织等再遭损伤有极好作用。

急救固定器材：院外急救骨折固定时，常不能按医院那样要求，而常就地取材，代替正规器材。如各种 2～3cm 厚的木板、竹竿、竹片、树枝、木棍、硬纸板、枪支、刺刀，以及伤者健肢等，都可作为固定代用品。

（1）颈椎骨折固定

① 使伤者的头颈与躯干保持直线位置。

② 用棉布、衣物等，将伤者颈下、头两侧垫好，防止左右摆动。

③ 用木板放置头至臀下，然后用绷带或布带将额部、肩和上胸、臀固定于木板上，使之稳固。

（2）锁骨骨折固定　用绷带在肩背做8字形固定，并用三角巾或宽布条于颈上吊托前臂。

（3）肱骨骨折固定　用代用夹板2～3块固定患肢，并用三角巾、布条将其悬吊于颈部（见图6.39）。

图 6.39　肱骨骨折固定

图 6.40　前臂骨折固定

（4）前臂骨骨折固定　用两块木板，一块放前臂上，另一块放背面，但其长度要超过肘关节，然后用布带或三角巾捆绑托起（见图6.40）。

（5）股骨骨折固定　用木板两块，将大腿小腿一起固定。置于大腿前后两块长达腰部，并将踝关节一起固定，以防这两部位活动引起骨折错位（见图6.41）。

图 6.41　股骨骨折固定

（6）小腿骨骨折固定　腓骨骨折且没有固定材料的情况下，可将患肢固定在健肢上（见图6.42）。

图 6.42　小腿骨骨折固定

（7）脊柱骨折骨固定　脊柱骨折和脱位是常见伤害之一，常常是骨和脊髓伤情比较严重而复杂。脊柱骨折由各种暴力使颈椎、胸椎、腰椎、尾椎骨折或错位，以及脊髓损伤，常致残废，危及生命，需要及时、正确地急救。脊柱骨折正确搬运和不正确搬运见图 6.43。

(a) 滚动法

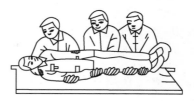
(b) 平托法

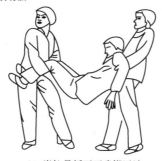
(c) 脊柱骨折不正确搬运法

图 6.43　脊柱骨折固定

正确搬运法如下。

① 伤者两下肢伸直，两上肢垂于身两侧。

② 3～4 名急救者在伤者一侧，两人托臀和双下肢，另两人分别托头、腰部，置伤者于担架或门板上。

③ 不要使伤者躯干扭曲，千万不能一人抬头一人抬足。

④ 用枕头、沙袋、衣物垫堵腰和颈两侧。如果颈、腰脱臼错位或骨折时，应将颈下、腰下垫高，保持颈或腰过伸状态。

5. 固定注意事项

① 遇有呼吸、心跳停止者先行复苏措施，出血休克者先止血，病情有根本好转后进行固定。

② 院外固定时，对骨折后造成的畸形禁止整复，不能把骨折断端送回伤口内，只要适当固定即可。

③ 代用品的夹板要长于两头的关节并一起固定。夹板应光滑，夹板靠皮肤一面，最好用软垫垫起并包裹两头。

④ 固定时应不松、不紧而牢固。

⑤ 固定四肢时应尽可能暴露手指（足趾），以观察有否指（足趾）尖发紫、肿胀、疼痛、血循环障碍等。

四、搬运伤（病）员技术

搬运伤（病）员的方法是院外急救的重要技术之一。搬动的目的是使伤（病）员迅速脱离危险地带，纠正当时影响伤（病）员的病态体位，减少痛苦，减少再受伤害，安全迅速地送往医院治疗，以免造成伤员残废。搬运伤（病）员的方法，应根据当地、当时的器材和人力而选定。临场常用的搬运法有以下几种。

1. 徒手搬运

（1）单人搬运法　适用于伤势比较轻的伤（病）员，采取背、抱或扶持等方法（见图 6.44）。

图 6.44　单人搬运法

（2）双人搬运法　一人搬托双下肢，一人搬托腰部。在不影响病伤的情况下，还可用椅式、轿式和拉车式（见图 6.45）。

（3）三人搬运法　对疑有胸、腰椎骨折的伤者，应由三人配合搬运。一人托住肩胛部一人托住臀部和腰部，另一人托住两下肢，

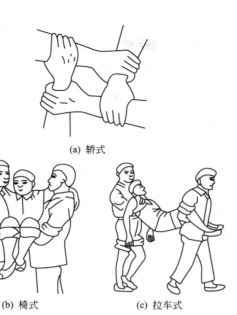

(a) 轿式

(b) 椅式　　　　　　　　(c) 拉车式

图 6.45　双人搬运法

三人同时把伤员轻轻抬放到硬板担架上（见图 6.43 平托法）。

（4）多人搬运法　对脊椎受伤的患者向担架上搬动时，应由 4～6 人一起搬动，2 人专管头部的牵引固定，使头部始终保持与躯干成直线的位置，维持颈部不动。另 2 人托住臂背，2 人托住下肢，协调地将伤者平直放到担架上，并在颈、腋窝放一小枕头，头部两侧用软垫或沙袋固定（见图 6.46）。

2. 担架搬运

（1）自制担架法　实际抢救伤员时，常在没有现成的担架而又需要担架搬运伤（病）员时自制担架。

① 用木棍制担架　用两根长约 7 尺的木棍，或两根长 6～7 尺的竹竿绑成梯子形，中间用绳索来回绑在两

图 6.46　多人搬运法

长根之中即成（见图 6.47）。

② 用上衣制担架　用上述长度的木棍或竹竿两根，穿入两件上衣的袖筒中即成（见图 6.48），常在没有绳索的情况下用此法。

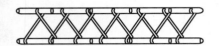

图 6.47　用木棍制担架

图 6.48　用上衣制担架

③ 用椅子代担架　用扶手椅两把对接，用绳索固定对接处即成（见图 6.49）。

（2）另种担架的做法

① 材料　两根木棍、一块毛毯或床单、较结实的长线（铁丝也可）。

② 方法　第一步，把木棍放在毛毯中央，毯的一边折叠，

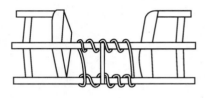

图 6.49　用椅子代担架

与另一边重合。第二步，毛毯重合的两边包住另一根木棍。第三步，用穿好线的针把两根木棍边的毯子缝合，将木棍与毯子固定在一起，制作即成（见图 6.50）。

A

留有可以坐一个人的位置

B

折回

C

图 6.50　毯子缝制的担架

3. 车辆搬运

车辆搬运受气候影响小，速度快，能及时送到医院抢救，尤其适合较长距离运送。轻者可坐在车上，重者可躺在车里的担架上。重伤患者最好用救护车转送，缺少救护车的地方，可用汽车送。上

210

车后，胸部伤员取半卧位，一般伤者取仰卧位，颅脑伤者应使头偏向一侧。

上述不论哪种运送病人的方法，在途中都要稳妥，切忌颠簸。

4. 搬运病人注意事项

① 必须先急救，妥善处理后才能搬动。

② 运送时尽可能不摇动伤（病）者的身体。若遇脊椎受伤者，应将其身体固定在担架上，用硬板担架搬送。切忌一人抱胸、一人搬腿的双人搬抬法，因为这样搬运易加重脊髓损伤。

③ 运送患者时，随时观察呼吸、体温、出血、面色变化等情况，注意患者姿势，给患者保暖。

④ 在人员、器材未准备好时，切忌随意搬运。

第五节　现场心肺复苏技术

事故现场由于中毒、冲击波、急性放射、机械打击等原因可能产生大量的伤病员，很多伤员发生窒息或呼吸、心跳骤然停止，将严重危及生命，必须及时而正确地实施紧急抢救措施，使伤员恢复呼吸功能。现场急救常用的心肺复苏技术包括：人工呼吸法、心脏按压法等，是抢救窒息或呼吸、心脏骤停伤员的基本手段，也是整个救治过程中十分重要的部分。

一、人工呼吸法

人工呼吸法就是用外力使伤员的胸扩大和缩小，使肺被动地收缩和舒张，从而使窒息或呼吸停止的伤员恢复自主性呼吸。

现场急救常有的人工呼吸法有：口对口人工呼吸法、仰卧压胸人工呼吸法以及俯卧压背人工呼吸法三种。

1. 口对口人工呼吸法

这种人工呼吸法多用于抢救触电休克、中毒性或外伤性窒息等引起的呼吸停止的伤员（见图 6.51）。

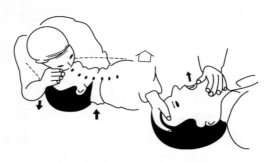

图 6.51　口对口人工呼吸

口对口人工呼吸法的操作步骤如下。

① 先把伤员迅速搬运到附近通风的安全地点，使伤员仰面平卧，尽量托起下颚使头部后仰，鼻孔朝天。

② 将伤员的衣领和衣服解开或剪开，松开腰带，并注意伤员的保暖。

③ 撬开伤员的嘴，清除口、鼻腔内的污物等。如舌头后缩、将舌头拉出，以防堵塞喉咙，妨碍呼吸。

④ 抢救人员跪在伤员一侧，一只手将其鼻孔捏紧，以免吹气时从鼻孔漏气；另一只手掰开伤员的嘴，抢救人员深吸一口气，紧贴伤员的嘴将气吹入，造成伤员吸气；立即将嘴离开伤员的嘴，松开捏鼻孔的手，并用一只手压伤员的胸部以帮助呼气。这样反复均匀地进行操作，每分钟均匀地做 14～16 次，直到伤员复苏，自己能呼吸为止。做口对口人工呼吸时，要仔细观察伤员的胸部是否有扩张，以便确定吹气是否有效和适当。

⑤ 在施行口对口人工呼吸时，要注意伤员的心跳情况，如骤停，应与体外心脏按压法同时进行。

2. 仰卧压胸人工呼吸法

此方法多用于抢救触电休克、中毒性或外伤性窒息的伤员，不适用于胸部外伤伤员，不能与体外心脏按压法同时进行。

仰卧压胸人工呼吸法的操作步骤如下。

① 伤员取仰卧位，背部可稍稍垫高一些，使胸部抬高。

② 抢救人员骑跪在伤员大腿两侧，双手分别放于伤员胸部两侧乳头之下，大拇指向内，靠近胸骨下端，其余四指向外，放于胸廓肋骨之上。

③ 向下稍向前压，将肺内空气压出；然后身体后仰，去除压力，伤员胸部就自然扩张，空气进入肺内，这样反复地均匀而有节律地进行，每分钟 16～20 次，直到伤员复苏，能自主呼吸为止。

3. 俯卧压背人工呼吸法

此方法适用于溺水伤员，有利于肺内水的排出。但不适用于胸、背部有外伤的伤员。

俯卧压背人工呼吸法的操作步骤如下。

① 伤员俯卧躺平，背部朝上，腹部可微微垫高，头偏向一侧，一臂枕于头下，另一臂向外伸开，以使胸廓扩张。

② 抢救人员骑跪在伤员大腿两侧，两手放在伤员下背部两边，拇指向脊柱，其余四指向外上方伸开。

③ 抢救人员身体向前倾，慢慢压伤员的背部，使伤员的胸腔缩小，将肺内空气排出，完成呼气。将身体仰起，松开双手，恢复原来姿势，使伤员的胸腔扩张，肺部张开，吸入空气，完成吸气。按上述动作，反复有节律进行，每分钟 14～16 次，直到伤员复苏，能自主呼吸为止。

4. 气囊呼吸术

气囊呼吸术是指用简易呼吸气囊进行人工通气，将空气或氧气经气道压入肺中，使肺膨胀，促进伤员自主呼吸的恢复，是目前现场急救简单、便、快速又有效的人工通气方法。

（1）气囊呼吸器的组成

呼吸气囊的组成由呼吸囊、呼吸活瓣、面罩、衔接器四部分组成，外形图见图 6.52。其活瓣可与气管导管、喉罩、气管造口管等人工气道连接。并可加入氧气，在贮气囊的进气活瓣处接一根氧气导管或氧气贮气袋，可提高吸入气的氧浓度。

（2）气囊呼吸术操作步骤

① 将简易呼吸器氧气连接管与压缩氧气源相连接（有氧源条

图 6.52　气囊呼吸器

件下）。调节适当氧气流量至储气袋膨起，正常按压气囊时贮气袋不至凹陷。

②将伤员仰卧，去枕、头后仰，清除口腔与喉中任何可见的异物。

③插入适宜尺寸的口咽通气管，防止舌咬伤和舌后坠。

④抢救者应位于伤员头部的后方，将头部向后仰，并托牢下额使其朝上，保持呼吸道通畅。

⑤用左手拇、食指固定面罩，并紧压使伤员口鼻与面罩紧合，其余三指放在额下以维持伤员头呈后仰位（CE手法）（见图6.53）。

⑥用另外一只手挤压球体，将气体送入肺中，规律性地挤压球体提供足够的吸气/呼气时间（成

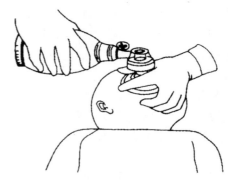

图 6.53　固定面罩

人：12～15次/分，小孩：14～20次/分）。

⑦确认伤员处于正常换气中（注视伤员胸部上升与下降是否随挤压球体而起伏；经由面罩透明部分观察伤员嘴唇与面部颜色的变化；经透明盖观察单向阀工作是否正常；在呼气中，观察面罩内

是否呈雾气状。)

⑧ 在挤压过程中观察伤员病情变化。若伤员面色恢复红润，嘴唇无紫绀，四肢温度恢复，胸廓有起伏，表示已恢复自主呼吸，抢救成功。

（3）注意事项

① 气囊呼吸器辅助呼吸仅为急救过程中的一个步骤，应注意及时实施其他措施。

② 每次使用前，需对呼吸复苏气囊进行检查，确保其有效性。

③ 目前临床上常用一次性透明面罩，应注意选择大小合适的面罩，以达到最佳通气效果。

④ 呼吸道通畅保持正确的体位，托下颚、及时清除分泌物，插入口咽通气道等是保障气囊呼吸术有效的前提。

⑤ 使用期间注意观察伤员胸廓起伏，双肺呼吸音，脉搏，血氧及伤员的呼吸是否有改善。

⑥ 密切观察生命体征，神志，面色等变化。心肺复苏双人操作时，一人负责固定面罩并托住下领，另一人负责挤压气囊及施行胸外心脏按压。

⑦ 使用完毕应清洁、消毒及测试气囊呼吸器，以保持最佳的备用状态。

二、心脏按压

心脏按压是指间接或直接按压心脏形成暂时人工循环的方法，是"心肺复苏"阶段采取的主要抢救措施之一。

1. 心前区叩击术

心前区叩击可产生微弱的电能，引起心室去极化，恢复心肌同步收缩。适用于室性心动过速或室颤早期，呼吸心跳骤停1min内和完全性房室传导阻滞。

心前区叩击术的具体操作方法如下。

① 伤病者仰卧硬板床或平地上。

② 急救者用握拳的尺侧（小指侧），距患者胸壁20～30cm处，

用中等力度、迅速捶击胸骨中下 1/3 交界处，1～2 次，如无效应立刻放弃。

2. 心脏按压法

是抢救心跳已经停止受伤伤员的有效方法。心脏按压法是用人工的力量来帮助心跳已停止的伤员心脏复跳，维持血液循环的方法。这种方法操作简便易行，效果可靠，随时随地都可应用。

这种方法适用于各种原因造成的心跳骤停，如触电休克、大出血、溺水、严重创伤等。心脏按压法可与口对口人工呼吸法同时使用。见图 6.54 和图 6.55。

图 6.54　手掌安放位置

图 6.55　心脏胸外按压的正确方法

事故发生后，如有伤员心跳已不规则或已停止，就应立即进行心脏按压，绝对不允许耽误时间。

心脏按压法的操作步骤如下。

① 把伤员迅速搬运到附近通风的安全地点，使伤员仰卧平躺在底板上，头略低于脚。

② 将伤员的衣领和衣服解开或剪开，松开腰带，并注意伤员的保暖。

③ 撬开伤员的嘴，清除口、鼻腔内的污物等，如舌头后缩，将舌头拉出，以防堵塞喉咙，妨碍呼吸。

④ 抢救人员跪在伤员身体一侧，一只手中指对准胸膛，手掌贴胸平放，掌根放在伤员左乳头胸骨下端、剑突之上。另一只手的手掌压在手背面上，使双手重叠，抢救人员以自身体重、双肘和臂

肩的力垂直向下挤压伤员的胸廓，使胸骨与肋骨交接处下陷3～4cm，使心脏左、右心室受压，可使心脏血液排空。突然将双手放松，胸骨恢复原来位置，心脏受压解除，处于舒张状态，胸内负压增加，静脉血回流至心脏，心室又得充盈，从而推动着血液循环。这样反复地有节律地进行挤压和放松，每分钟60～80次为宜，直到伤员复苏为止。

注意事项如下。

① 按压位置必须正确，才能达到抢救目的。若按压位置不正确，就收不到预期效果。

② 按压以每分钟60～80次为宜，过快，心脏舒张不够充分，心室内血液不能完成充盈；过慢，动脉压力低，效果也不好。

③ 按压力量要因人而异，对身强力壮的伤员按压力量可大些，对年老体弱的伤员按压力量宜小一些。按压时，用力不能过大过猛，否则会造成肋骨骨折，心包积血或引起气胸等。按压要稳健有力，均匀规则，重力应放在手掌根部，着力仅在胸骨处，切勿在心尖部按压。

④ 抢救切不可中断，必须坚持到最后，把伤员抢救过来或断定伤员确已死亡才能停止抢救。

按压后，如能摸到颈部总动脉、股动脉等有搏动，散大的瞳孔开始缩小，血压升高，口唇和皮肤转红等，说明挤压已显成效，但仍要继续抢救，直到心跳和呼吸恢复正常。

3. 口对口人工呼吸与胸外心脏按压同时进行 （见图6.56）

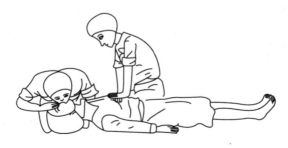

图 6.56　口对口人工呼吸与胸外心脏按压同时进行

胸外心脏按压与口对口人工呼吸，需按30∶2的比例（单、双人）进行。

第六节　常见灾害事故中毒急救

在灾害事故中，特别是化学事故中，会有大量的外伤、中毒人员出现，积极抢救人命，救人重于救灾，是消防现场指挥员必须遵循的战术原则。大多数情况下，救灾与救人行动应同时展开，但救灾行动是为了达到先救人的目的。现场指挥员要针对不同的情况、被救人员的数量、位置及周围环境，选用适当的方法，灵活分配兵力，积极抢救被困人员。灾难事故现场救人时，应立即通知急救中心派救护车到场。在医务人员未到达之前，消防人员可以进行紧急救护。因此，在所有第一出动的消防车上，要配备轻便而有效的急救药品和器材。

一、常见灾害事故现场急救的原则

常见灾害事故现场急救的总任务是采取及时有效的急救措施和技术，最大限度减少伤病员的痛苦，降低致残率，减少死亡率，为医院抢救打好基础。急救必须遵守以下六条原则。

（1）先复后固的原则　当伤员既有心跳呼吸骤停又有骨折时，应首先施行心肺复苏术，直至心跳呼吸恢复后，再固定骨折。

（2）先止后包的原则　指遇有大出血又有创口者时，首先止血，然后对伤口进行包扎。

（3）先重后轻的原则　当有大量伤员时，应优先抢救危重者，后处理轻伤者。

（4）先救后运的原则　对危重伤员要先在现场抢救后，方可转送至医院。

（5）先抢后救的原则　应先将伤员从危险区救出，移至安全地带后再救治。

（6）医护人员以救为主，其他人员（如消防员）以抢为主。

二、灾害事故现场评估

在人们生产生活的各种环境中，会突发一些意外伤害、疾病等，科学有效的救治对挽救生命具有重要意义。作为抢险人员首先要进行现场评估，确保自身与伤员的安全。对伤员所处的状态进行评估和判断，分清病情的轻重缓急，再进行呼救及现场自救或互救。

在危机情况下，通过实地勘查对现场的危险情况进行评估，以此指导现场急救的实施。危机现场的评估必须迅速有效，争取在最短的时间内完成。

1. 评估伤员伤情及现场情况

首先要评估伤员的伤情如何，有无生命危险，伤病的可能原因，受伤人数等。同时，评估伤员所处环境是否危险，危险因素有哪些，现场是否有可用的急救资源等。

2. 评估现场安全保障

在进行现场急救时，一些意外的危险因素可能会对抢险人员造成伤害，因此，抢险的前提是确保自身安全。例如，对触电者的现场救护，必须在切断电源的前提下实施。在抢救伤员的同时，一定要保护好自身的安全，避免危险因素的伤害，充分利用现场的可用资源，保护自己和伤员的安全，这样才能确保现场急救的有效实施。

3. 个人防护设备

抢险人员在危机现场进行救护时，应充分做好自身的安全防护。例如，在氯气泄漏事故现场，进入事故区进行救护的人员一定要做好一级防护，防止自身中毒的发生。其他，如手套、眼罩、口罩等个人防护品在危险现场也是必需的。个人防护用品的配备和使用是每一个抢险人员的重要工作，相关知识的学习和培训也是十分必要的。因此，通过对现场环境的评估，合理安排抢险人员的个人防护装备，对人员救护成功与否起到很关键的作用。

4. 现场可用资源的评估

在一些规模较大、伤员较多、地点偏僻的事故中，现场可用救护资源的有效利用是一项重要的工作。抢险人员到达现场后，应对现场的可用的人力、物力进行评估，以此来弥补专业急救资源的不足。例如，伤员众多的情况下，担架可能会短缺，通过评估，现场的木板、门板等亦可作为临时担架来使用。

三、灾害事故现场中毒急救的基本程序

灾害事故现场中毒急救包括中毒现场抢出伤员、急救站急救、转送医院治疗三个阶段。

1. 抢出伤员

施救人员在进入高浓度毒源区域前，应首先作好自身应急防护。应穿防化服，戴防毒面具，系好安全带或绳索。无条件时也要佩戴防毒口罩，但需注意口罩型号与毒物种类相符。由于防毒口罩对毒气滤过率有限，所以，佩戴者不宜在毒源处停留时间过久，必要时可轮流或重复进入。毒源区外人员应严密观察、监护，并拉好安全带或绳索的另一端，一旦发现情况迅即令其撤出来。

作好自身防护的施救者应尽快阻止毒气继续被中毒者吸入，以免中毒进一步加深，失去抢救时机。最佳的办法是由施救人员携带送风式防毒面具或防毒口罩，并尽快将其戴在中毒者口鼻上。紧急情况下也可用氧气袋、瓶等便携式供氧装置为其吸氧。如毒气来自进气阀门，应立即予以关闭。毒源区域迅速通风或用鼓风机向中毒者方向送风，也有明显驱毒效果。

通常情况下，和危险化学品接触的时间越长，毒物被持续吸收，中毒也就越深，因此，医护人员到现场后立即根据现场的风向、地形地貌以及设施设备等条件使中毒人员脱离现场污染源，脱离污染区后，应立即彻底清除毒物污染，防止继续吸收毒物。在上述基础上，抢救人员要争分夺秒地将中毒者移出毒源区，再进行进一步医疗急救。一般以两名施救人员抢救一名中毒者为宜，可缩短救出时间。

2. 急救站急救

（1）根据气体扩散情况确定急救站位置　急救站应位于上风、侧风或地势较高方向及与泄漏点距离较远地方。

（2）初步判断伤情　迅速判断伤情，首先判断神志、呼吸、心跳、脉搏是否正常，是否有大出血，然后依次判断头、脊柱、胸部、腹部、骨盆、四肢活动情况、受伤部位、伤口大小、出血多少、是否有骨折，如同时有多个伤员，要进行基础的检伤分类，分清轻伤、重伤。

① 判断有无意识　先判断伤员神志是否清醒。在呼唤、轻拍、推动时，伤员会睁眼或有肢体运动等其他反应，表明伤员有意识。如伤员对上述刺激无反应，则表明意识丧失，已陷入危重状态。伤员突然倒地，然后呼之不应，情况多为严重。

② 气道是否畅通　呼吸必要的条件是保持气道畅通。如伤员有反应但不能说话、不能咳嗽、憋气，可能存在气道梗阻，必须立即检查和清除。如进行侧卧位和清除口腔异物等。

③ 判断有无呼吸　评估呼吸。正常人每分钟呼吸 12～18 次，危重伤员呼吸变快、变浅乃至不规则，呈叹息状。在气道畅通后，对无反应的伤员进行呼吸检查，如伤员呼吸停止，应保持气道通畅，立即施行人工呼吸。

④ 判断有无循环　在检查伤员意识、气道、呼吸之后，应对伤员的循环进行检查。可以通过检查循环的体征如呼吸、咳嗽、运动、皮肤颜色、脉搏情况来进行判断。如伤员面色苍白或青紫，口唇、指甲发绀，皮肤发冷等，可以知道皮肤循环和氧代谢情况不佳。对于呼吸、心跳停止的伤员，要立即做人工呼吸和胸外按压。

对氨气、氯气、硫化氢、氟化氢、二氧化硫、三氧化硫等刺激性毒物中毒的人员，一般情况禁止施行人工呼吸，只能给予输氧，并尽快送医院处理。

⑤ 瞳孔反应、外伤、出血　紧接上一步，依次判断头、脊柱、胸部、腹部、骨盆、四肢活动情况、受伤部位、伤口大小、出血多少、是否有骨折，如同时有多个伤员，要进行基础的检伤分类，分

清轻度、中度、重度中毒。

⑥ 中毒的临床表现　一般来说，轻度中毒只有先兆症状。只要及时撤离现场，到新鲜空气处休息，短时间内可自行缓解。

中度中毒，除有先兆症状外，尚有全身反应。如：心悸、气短、呼吸困难、不能站立、肌肉痉挛、恶心、呕吐、畏冷、面色苍白或变紫青色。

重度中毒，出现神志不清、昏迷、不省人事或呼吸心跳停止。

（3）对伤员进行分类　通过初步判断伤情，对伤员按轻度、中度、重度中毒、死亡人员进行分类，并对救护区进行分区，悬挂指示标志。

① 危重组：因窒息、出血、休克等危及伤员生命，需立即实施改善通气，纠正休克等待抢救措施，挂红牌。

② 重伤组：需手术的伤员，如四肢骨折、胸腹闭合性损伤，虽属重伤，但尚可拖延一段时间，挂黄牌。

③ 轻伤组：伤员神志清醒，一处或多处软组织损伤或皮肤挫伤，无需特殊治疗，挂绿牌。

④ 死亡组：呼吸心跳停止，瞳孔散大固定，并有严重颅脑损伤，挂黑牌放弃抢救。

（4）清除毒物

① 吸入毒物的急救　应立即将病人救离中毒现场，搬至空气新鲜的地方，解开衣领，以保持呼吸道的通畅，同时可吸入氧气。病人昏迷时，如有假牙要取出，将舌头牵引出来。

② 清除皮肤毒物　迅速使中毒者离开中毒场地，脱去被污染的衣物，皮肤、毛发等彻底清除和清洗，常用流动清水或温水反复冲洗身体，清除毒性物质。有条件者，可用1％醋酸或1％～2％稀盐酸、酸性果汁冲洗碱性毒物；3％～5％碳酸氢钠或石灰水、小苏打水、肥皂水冲洗酸性毒物。敌百虫中毒忌用碱性溶液冲洗。

③ 清除眼内毒物　迅速用0.9％盐水或清水冲洗5～10min。酸性毒物用2％碳酸氢钠溶液冲洗，碱性中毒用3％硼酸溶液冲洗。

然后可点0.25%氯霉素眼药水，或0.5%金霉素眼药膏以防止感染。无药液时，只用微温清水冲洗亦可。

④ 经口误服毒物的急救　对于已经明确属口服毒物的神志清醒的患者，应马上采取催吐的办法，使毒物从体内排出。除了有催吐禁忌证外，适用于经口服下的一切毒物。

催吐的方法如下：首先让患者取坐位，上身前倾并饮水约300～500mL（普通的玻璃杯1杯），然后嘱病人弯腰低头，面部朝下，抢救者站在病人身旁，手心朝向病人面部，将中指伸到病人口中（若留有长指甲须剪短），用中指指肚向上钩按患者软腭（紧挨上牙的是硬腭，再往后就是柔软的软腭），按压软腭造成的刺激可以导致病人呕吐（见图6.57）。呕吐后再让患者饮水并再刺激病人软腭使其呕吐，如此反复操作，直到吐出的是清水为止。也可用羽毛、筷子、压舌板，或触摸咽部催吐。催吐可在发病现场进行，也可在送医院的途中进行，总之越早越好。有条件的还可服用1%硫酸锌溶液50～100mL。必要时用去水吗啡（阿扑吗啡）5mg皮下注射。

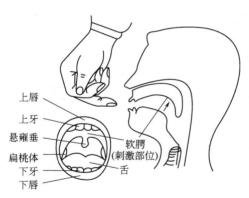

图6.57　用手指刺激软腭催吐

3. 转送医院救治

须经过简单有效的处理，病情稳定后转送医院。

总的来说，灾害事故现场中毒急救基本可小结为：一带二隔三

救出，包括有效防护、毒气隔离、疏散人群、脱离中毒区、洗消；一分二除三转治，包括判断伤情、伤员分类、除毒、解毒、转送医院救治。

四、常见灾害事故现场的中毒急救

1. 急性氯气中毒的急救

氯（Cl_2）为黄绿色具强烈刺激性的气体。氯气在高温下与一氧化碳作用生成光气。遇水迅速生成次氯酸、盐酸和新生态氧。急性氯气中毒主要表现为急性呼吸系统损害，氯经呼吸道吸入对局部黏膜有强烈刺激和氧化作用。

（1）主症

① 刺激反应　表现为一过性的眼及上呼吸道黏膜刺激症状。肺部无阳性体征或偶有少量干性啰音，胸部 X 线无异常。

② 轻度中毒　咳嗽、咯有少量痰、胸闷等。双肺有散在干性啰音、湿啰音或哮鸣音，X 线胸片符合支气管炎或支气管周围炎表现。

③ 中度中毒　在轻度中毒的基础上症状加重，可有轻度发绀、双肺有干性或湿性啰音或双肺弥漫性哮鸣音。X 线胸片符合支气管肺炎、间质性肺水肿或局限性肺泡性肺水肿表现。

④ 重度中毒　上述症状加重，咯大量白色或粉红色泡沫痰、呼吸困难、胸部紧束感、明显发绀。双肺有弥漫性湿啰音。有的严重窒息，中、深度昏迷。可伴发气胸、纵隔气肿等。X 线胸片符合弥漫性肺泡性肺水肿或中央性肺泡性肺水肿表现。

（2）急救

① 立即脱离现场，转移至空气新鲜处，保持安静及保暖。

② 刺激反应者至少观察 12h。中毒病人应卧床休息，避免活动后病情加重。

③ 早期给氧，及时给支气管解痉剂及镇咳、镇静剂。

④ 积极防治中毒性肺水肿，早期、足量、短程应用糖皮质激素。

⑤ 咳泡沫样痰多宜气雾吸入二甲基硅油（消泡剂）。

（3）注意事项　中毒者发生严重缺氧和二氧化碳潴留，禁用吗啡。

2. 急性氨气中毒的急救

氨（NH_3）为无色气体，具有强烈辛辣刺激性气味。对皮肤黏膜和呼吸道有刺激和腐蚀作用。引起急性呼吸系统损害，常伴有眼和皮肤灼伤。空气中氨气质量浓度达 $500 \sim 700mg/m^3$ 时，可发生呼吸道严重中毒症状。如达 $3500 \sim 7500mg/m^3$ 时，可出现"闪电式"死亡。

（1）主症

① 刺激反应　有一过性的眼和上呼吸道刺激症状，如流泪、流涕、呛咳等，肺部无阳性体征。

② 轻度中毒　有明显的眼和上呼吸道刺激症状和体征。肺部有干性啰音。胸部 X 线符合支气管炎或支气管周围炎表现。

③ 中度中毒　有声音嘶哑、咳嗽剧烈、呼吸困难、肺部有干湿啰音或胸部 X 线符合肺炎或间质性肺水肿表现。

④ 重度中毒　在中度中毒基础上咯大量粉红色泡沫痰、气急、胸闷、心悸、呼吸窘迫、紫绀明显、两肺满布干湿啰音。胸部 X 线征象符合严重化学性肺炎或肺泡性肺水肿。或有明显的喉水肿，或支气管黏膜坏死脱落造成窒息，或并发气胸、纵隔气肿。

⑤ 皮肤接触可见皮肤红肿、水疱、糜烂、角膜炎等。

（2）急救

① 迅速离开现场至空气新鲜处，脱去被氨污染的衣服，眼、皮肤烧伤时可用清水或 2%硼酸溶液彻底冲洗，点抗生素眼药水。

② 保持呼吸道通畅，给予氧疗。

③ 积极防治中毒性肺水肿和急性呼吸窘迫综合征，早期、足量、短程应用糖皮质激素及超声雾化吸入。

④ 氨腐蚀性强，呼吸道黏膜受损较重，病情反复。对由气道黏膜脱落引起的窒息或自发性气胸，应做好应急处理的准备，如环甲膜穿刺或气管切开及胸腔穿刺排气等。

⑤ 重度氨中毒易并发肺部感染，应加强消毒隔离，及早并较长时间应用抗生素。

（3）注意事项

① 有明显氨吸入者，应密切医学观察 24～48h。

② 吸入高浓度氨，经现场抢救后，呼吸困难，肺部啰音未能缓解者，应在严密抢救监护下转送专业医疗单位治疗。

③ 吸入高浓度氨，应注意防治喉水肿及上呼吸道黏膜坏死脱落堵塞气道。

3. 急性光气中毒的急救

光气（$COCl_2$），又名碳酰氯，具有霉干草样气味。属高毒类，毒性较氯气大 10 倍。光气经呼吸道吸入，引起以急性呼吸系统损害为主的全身性疾病。其临床特点是接触当时刺激症状较轻，发病前经一定潜伏期，易发生肺水肿。高浓度吸入，可反射性引起支气管痉挛、窒息而死。

（1）主症

① 刺激反应　出现一过性的眼及上呼吸道黏膜刺激症状。肺部无阳性体征。X 线胸片无异常改变。

② 轻度中毒　咳嗽、气短、胸闷或胸痛，肺部可有散在性干性啰音。X 线胸片符合急性支气管炎或支气管周围炎表现。

③ 中度中毒　上述症状加重，呛咳、咯少量痰（可有血痰）、可有痰中带血伴轻度紫绀，肺部出现干、湿性啰音或两肺呼吸音减低。X 线胸片符合急性支气管肺炎或间质性肺水肿表现。

④ 重度中毒　出现明显呼吸困难、频繁咳嗽、紫绀、咯白色或粉红色泡沫痰、两肺有广泛湿性啰音。X 线胸片符合肺泡性肺水肿表现。或发生窒息；或并发气胸、纵隔气肿；或伴有严重心肌损害；或出现休克；或昏迷。

（2）急救

① 迅速将病人移离至空气新鲜处。脱去污染衣服，用清水彻底冲洗受液态光气污染的皮肤。

② 刺激反应者应密切观察 24～48h，绝对卧床。

③ 合理给氧，保持呼吸道通畅，用支气管解痉剂等。

④ 防治化学性肺水肿，早期、足量、短程应用精皮质激素及消泡剂二甲基硅油。

4. 急性一氧化碳中毒的急救

一氧化碳（CO）为无色、无臭、无刺激的气体。一氧化碳能迅速通过肺泡进入血液循环与血红蛋白结合成碳氧血红蛋白（CO-Hb），严重阻碍血液携氧及其解离，导致全身组织缺氧。一氧化碳浓度较高时，可与体内还原型细胞色素氧化酶的二价铁结合，直接抑制组织细胞的呼吸，造成细胞内窒息。中枢神经系统对缺氧最为敏感，一氧化碳对人体的急性毒性作用以中枢神经系统症状为主。

（1）主症

① 接触反应　出现头痛、头昏、心悸、恶心等症状，吸入新鲜空气后症状可消失。

② 轻度中毒　出现剧烈的头痛、头昏、恶心、呕吐、眼花、心悸、四肢无力等，有轻度（意识模糊、嗜睡、朦胧状态）至中度（谵妄状态）意识障碍，但未昏迷。

③ 中度中毒　除有上述症状外，意识障碍表现为浅至中度昏迷，并可出现抽搐，大、小便失禁或潴留。

④ 重度中毒　多为一氧化碳浓度高，接触时间长，中毒者意识障碍程度达到深度昏迷或去大脑皮层状态，或呈中度昏迷持续4h 以上者。

（2）急救

① 采取通风措施后，速将病人救离中毒现场至空气新鲜处静卧保暖，松开衣领，保持呼吸道通畅，密切观察意识状态。

② 轻度中毒者，可给氧及对症治疗。

③ 中度或重度中毒者应积极纠正脑缺氧，立即给予常压面罩吸氧，尽可能给予高压氧治疗。呼吸停止者立即施行人工呼吸。

④ 如有呕吐应使病人头偏向一侧，并及时清理口鼻内的分泌物。

⑤ 气道阻塞，高度呼吸困难者应施行气管插管或气管切开。

⑥ 尽快送医院抢救。

5. 急性硫化氢中毒的急救

硫化氢（H₂S）系无色有臭蛋味的气体。广泛存在于石油、化工、皮革、造纸等行业中。废气、粪池、污水沟、隧道、垃圾池中，均有各种有机物腐烂分解产生的大量硫化氢。如吸入300mg/（m³·h）即对呼吸道、眼睛产生刺激症状。吸入 2～3h 达 1000mg/（m³·h）时，可发生"闪电式"死亡。一般来说，低浓度时黏膜及呼吸道刺激作用明显，高浓度时神经系统的症状明显。

（1）主症　有接触硫化氢的病史，并出现以下症状：头痛剧烈、头晕、烦躁、谵妄、疲惫、昏迷、抽搐、咳嗽、胸痛、胸闷、咽喉疼痛、气急，甚至出现肺水肿、肺炎、喉头痉挛以至窒息，可有结膜充血、水肿、怕光、流泪，进而血压下降、心律失常等。

（2）急救

① 迅速将病人移离中毒现场至空气新鲜处，立即吸氧并保持呼吸道通畅。

② 呼吸抑制时给予呼吸兴奋剂，心跳及呼吸停止者，应立即施行人工呼吸和体外心脏按压术，直至送到医院。切忌口对口人工呼吸，宜采用胸廓挤压式人工呼吸。

③ 氧疗，鼻导管或面罩持续给氧，中、重度中毒者给予高压氧治疗。

④ 眼部冲洗，用生理盐水或2％碳酸氢钠溶液冲洗，出现的化学性炎症到眼科进行治疗。

⑤ 对症处理。

⑥ 严重者速送医院抢救。

6. 急性甲烷中毒的急救

甲烷（CH₄）俗称沼气，为无色无臭气体，易燃、易爆。在极高浓度时为单纯性窒息剂。甲烷对人基本无毒，但因其无色无臭，故即使高浓度吸入，亦常不能察觉，直至中毒。当空气中甲烷达25％～30％（体积分数）时，人出现窒息前症状。更高浓度下，可因空气被置换而发生脑缺氧性昏厥、昏迷，乃至窒息性死亡。

（1）主症

① 轻者出现头痛、头晕、乏力、注意力不集中、精细动作失灵等一系列神经系统症状，呼吸新鲜空气后可迅速消失。

② 在极高浓度下可迅速出现呼吸困难、心悸、胸闷，出现闪电式昏厥。很快昏迷，若抢救不及时常致猝死。

③ 偶见皮肤接触含甲烷液化气，可引起局部冻伤。

（2）急救

① 立即将病人移至空气新鲜处，解宽上衣，注意保暖。

② 氧气吸入（间歇给氧），有呼吸及心跳停止者，应立即给予复苏。

③ 严重者注意防治脑水肿。

④ 忌用吗啡等抑制呼吸中枢药物。

7. 急性氰化物中毒的急救

氰化物是指含氰基（—CN）的具有苦杏仁味的全身中毒性毒物，常见的无机氰化物有氢氰酸、氰化钾、氰化钠和氯化氰。氰化物受热、受潮或遇酸分解出氰化氢气体。其蒸气、粉尘经呼吸道吸入，液态和高浓度蒸气可经皮肤吸收，消化道摄入较少见。氰化物侵入人体后，在体内游离出的氰离子可与细胞线粒体内的细胞色素氧化酶结合，抑制生物氧化酶的活性，使细胞不能利用氧而引起内窒息，导致中枢神经系统缺氧的一系列症状，若不及时抢救可因呼吸抑制而死亡。

（1）主症　有明确的氰化物接触史，呼出气有苦杏仁气味。

① 中枢神经系统　早期乏力、头痛、头晕，接着出现恐怖感，神志模糊；后出现强直性或阵发性抽搐，意识丧失，大、小便失禁，瞳孔先缩小后散大，眼球突出，呼吸中枢麻痹致死亡。

② 呼吸系统　早期胸闷，呼吸道黏膜有轻度刺激症状，呼吸加快；接着呼吸急促；随后呼吸不规则，呼吸衰竭，甚至呼吸停止。

③ 循环系统　早期唇部黏膜略呈樱红，脉搏加快，血压增高；接着皮肤黏膜樱红或略呈苍白，汗多，出现心悸、脉搏细弱、血压

下降；其后皮肤黏膜苍白或出现紫绀，皮肤湿冷，血压下降，心跳减慢，一段时间后心跳停止。

④ 消化系统　早期上腹部不适，偶有恶心；接着上腹闷痛、恶心、呕吐。如系口服中毒，还可出现口苦、口腔和咽喉麻木、流涎等症状。

⑤ 皮肤接触　可引起红斑、丘疹、瘢疹、皮炎，极痒。高浓度氢氰酸还可引起皮肤灼伤。

值得注意的是，上述各系统的临床表现变化，往往由于病情进展快而不易区分，同时个体间也有一定差异。

（2）急救

① 速将病人转移至非污染区，脱去被污染衣服，用流动清水彻底冲洗皮肤。如溅入眼睑内，应迅速用清水或 0.5% 硫代硫酸钠冲洗。

② 中毒者立即吸氧和解毒剂，将亚硝酸异戊酯 1～2 支，放置手帕或纱布内压碎，置于病人鼻孔处吸入 15～30s，如未缓解，间隔 3～5min 再吸入 1～2 支，总量 5～6 支。或可用 10%4-二甲基氨基苯酚（4-DMAP）2mL 肌肉注射，随即静脉应用 25%～50% 硫代硫酸钠 10～20mL。

③ 呼吸停止的施行人工呼吸，心跳停止的进行体外按压。切忌口对口人工呼吸，宜采用胸廓挤压式人工呼吸。

④ 速送医院抗毒治疗和对症处置。

⑤ 病情严重，并有条件者，可试用高压氧治疗。

8. 急性苯中毒的急救

苯（C_6H_6）为无色具芳香味的液体，常温下易挥发。可经呼吸道吸入，皮肤吸收甚微。主要蓄积于含脂肪较高的组织器官。急性中毒以中枢神经系统麻醉为主。

（1）主症

① 黏膜刺激症状　接触高浓度苯蒸气，多先有轻度黏膜刺激症状，双眼怕光、流泪、视物模糊及咽痛、咳嗽、胸闷、憋气等。一般若及时脱离现场，此症状多能在短时间内消失。

② 急性轻度中毒　主要表现为兴奋后酒醉状态，如头晕、头痛、恶心、呕吐、步态蹒跚。可伴有黏膜刺激症状。

③ 急性重度中毒　可发生烦躁不安、意识模糊、昏迷、抽搐、血压下降，甚至呼吸和循环衰竭。

（2）急救

① 立即将病人移至空气新鲜处。脱去污染衣服，用水彻底冲洗被污染皮肤和眼，并注意保暖。

② 吸氧。呼吸和心跳骤停者，立即施行人工呼吸和体外心脏按压术，直至送达医院。

③ 误服中毒者应及时用 0.5％活性炭悬液或 1％～5％碳酸氢钠液洗胃，然后用硫酸镁或芒硝导泻，忌用植物油。

④ 可用 10％葡萄糖溶液 500mL 维生素 C 2～3g 静脉滴注，以辅助解毒；或静脉注射葡萄糖醛酸内酯，以加速与酚类结合。

（3）注意事项

① 循环衰竭时，忌用肾上腺素，以防引起心室纤维颤动。

② 密切观察病员的神态、瞳孔、呼吸、脉搏、血压等。

五、常见意外事故现场的急救

在人们的生产生活中，意外伤害如烧伤、触电、溺水、交通事故、冻伤等严重危害了人们的身体健康和人身安全，而有效施救能最大限度地降低人员和财产损失，因此，有必要了解和掌握一些意外伤害事故的现场急救知识和技能。

1. 烧伤的现场急救

烧伤是指由热力作用（如热水、蒸汽、火焰、强酸、强碱、电流、放射线等）引起的体表或呼吸器官（气管、支气管、肺）黏膜上皮组织的创伤，一般指火灾引起，沸水引起的可称为烫伤。

烧伤不仅造成皮肤的毁损，而且会引起严重的全身性反应，尤其是大面积烧伤，全身反应甚为剧烈，可出现各系统、器官代谢紊乱，功能失调。

烧伤的现场急救，不仅仅是为了挽救病员生命，还要尽可能减

轻或避免畸形，恢复功能和劳动能力，满足伤员生理、心理、社会的需要。

（1）致伤原因　烧伤的致伤原因很多，最常见的为热力烧伤，如沸水、火焰、热金属、沸液、蒸汽等；其次为化学烧伤，如强酸、强碱、磷、镁等；再次为电烧伤，其他的还有放射性烧伤，闪光烧伤等。

其中生活上的烫伤和火焰烧伤占多数，但随着工农业生产的发展，非生活烧伤增多。应该指出，平时 90％左右的烧（烫）伤是可以避免的。

（2）烧伤的类型

① 物理性烧伤　物理性烧伤是因为温度过高引起的烧伤。如沸水，高温度的油使皮肤烧伤。水不和皮肤起化学反应，而是温度过高引起皮肤自身发生化学变化。

② 化学性烧伤　化学烧伤是通过化学药品和皮肤的化学反应导致的烧伤，如强碱烧伤，强酸烧伤，此时化学药品不一定要很高的温度，但能使被烧伤组织的蛋白质变性。

③ 电烧伤　电流通过人体所引起的全身电击伤和局部电烧伤，触电、雷击均可引起电烧伤。电流通过人体有"入口"和"出口"，入口处较出口处重。入口处常炭化，形成裂口或洞穴，烧伤常深达肌肉、肌腱、骨周，损伤范围常外小内大。

（3）烧伤的现场急救　现场急救原则：去除烧伤因素；使患处凉爽；急救后送医院。

① 迅速脱离烧伤环境，去除烧伤因素

a. 物理烧伤：迅速采取有效措施尽快灭火，脱去燃烧的衣服，或就地卧倒，缓慢打滚压灭火焰，或跳入附近水池、河沟内灭火。迅速将失去意识的伤者搬离高温环境，先冷却后再脱去衣裤或剪开脱去，用清洁水（如自来水、河水、井水等）冲洗、冷敷或浸泡烧伤部位。

b. 化学烧伤：应立即脱离危害源，就近迅速清除伤员烧伤部位的残余化学物质，脱去被污染或浸湿的衣裤，用自来水反复冲洗烧伤、烫伤、灼伤的部位，以稀释或除去化学物质，时间不应少于30min。冲洗后可用消毒敷药或干净被单覆盖伤面以减少污染，不要在受伤处随便使用消炎类的药膏或油剂，以免影响治疗。

c. 电烧伤：迅速切断电源，用绝缘物品（如干木棒、扁担、干竹竿等）打断电线，将受害人员与电源脱离，切不可用手拉伤员或电器，以免急救者触电。

② 保护创面　伤员脱离事故现场后，应注意对烧伤创面的保护，防止再次损伤或污染。将伤员安置于担架或适当的地方，可用各种现成的敷料作初期包扎或用清洁的衣服、被单等覆盖创面，目的是保护创面，避免再污染或损伤。创面不可涂有色药物（红汞、紫药水）以免影响后续治疗中对烧伤深度的判断。

③ 现场心肺复苏的实施　对呼吸、心跳停止伤员，应立即进行有效的人工呼吸和胸外按压，直到心跳、呼吸恢复为止。

④ 转送医院　当从现场抢救出大批烧伤伤员时，对轻度烧伤伤员一般采取就近救护原则，以便及时治疗，减轻痛苦。对于比较严重的伤员，也应就地抢救，必要时考虑转送到条件较好的医疗单位。转送伤员时，应选择较近的医院，尽快送达目的地，尽早进行医院救治。

综上所述，不论热力烧伤、电烧伤，还是化学烧伤，现场急救原则基本相似，即"一脱，二观，三防，四转"：一脱即使伤员迅速脱离火场、电源等，分秒必争；二观即观察伤员呼吸、脉搏、意识如何，目的是分开轻重缓急进行急救；三防即防止创面不再受污染，包括清除眼、口、鼻的异物。四转即把重伤伤员初步处理后安全转送至医院。

（4）现场急救的注意事项

① 伤员用口服法补充液体时，适量口服淡盐水或烧伤饮料，但应避免过多饮水，以免发生呕吐，单纯大量饮用自来水还可能发生水中毒。

② 创面可暂不做特殊处理，简单清创即可，以免影响清创和对烧伤深度的诊断。

③ 迅速离开密闭和通风不良的现场，以免发生吸入性损伤和窒息。

④ 伤处的衣裤袜之类应剪开取下，不可强行剥脱，避免再损伤烧伤部位。

2. 触电的现场急救

电给人们的工作和生活带来许多便利，是最重要的一种能源，电视机、洗衣机、电冰箱等家用电器以及企事业使用的各种电气设备都离不开电能。然而，由于电的广泛使用，每年会发生大量的触电事故。触电是由于人体直接接触电源，一定量的电流通过人体，致使组织损伤和功能障碍甚至死亡。触电时间越长，人体所受的电损伤越严重。自然界的雷击也是一种触电形式，其电压可高达几千万伏特，造成极强的电流电击危害极大。

（1）常见的触电形式

① 接触了带电的导电体。这种触电往往是由于用电人员缺乏用电知识或在工作中不注意，不按有关规章和安全工作距离工作等，直接触碰裸露外面导电体，这种触电方式是最危险的。

② 由于某些原因，电气设备绝缘受到了破坏漏电，而没有及时发现或疏忽大意，触碰了漏电的设备。

③ 由于外力的破坏等原因，如雷击、弹打等，使送电的导线断落地上，导线周围将有大量的扩散电流向大地流入，出现高电压，人行走时跨入了有危险电压的范围，造成跨步电压触电。

④ 高压送电线路处于大自然环境中，由于锋利等摩擦或因与其他带电导线并架等原因，受到感应，在导线上带了静电，工作时不注意或未采取相应措施，上杆作业时触碰带有静电的导线而触电。

（2）电对人的伤害形式　电流与伤员直接接触进入人体，或在高电压、超高电压的电场下，电流击穿空气或其他介质进入人体。电流对人体的伤害可概括为电流本身及电能转换为热和光效应所造成的伤害。

① 电流伤　电流通过人体内部器官，会破坏人的心脏、肺部、

234

神经系统等，使人出现痉挛、呼吸窒息、心跳骤停甚至死亡。轻者，有惊吓、发麻、心悸、头晕、乏力，一般可自行恢复。重者，出现强直性肌肉收缩、昏迷、休克，电流通过心脏，引起严重的心律失常，心室纤维性颤动（简称心室纤颤），持续数分钟后造成心跳骤停，并造成呼吸中枢的抑制、麻痹，导致呼吸衰竭，呼吸停止。

② 电烧伤　电流通过人体时，会造成人体的局部伤害，称为电烧伤。常呈椭圆形，一般限于导电体接触的部位。局部皮肤出现黄褐色干燥灼伤、炭化，且损害可深达肌肉骨骼，其周围皮肤可出现广泛热灼伤。可继发感染，如局部血管损伤可导致出血。根据电烧伤的轻重不同，可有不同程度的全身反应。轻者仅为局部皮肤的损伤，重者伤害面积大，破坏较深，可达肌肉、骨骼或内脏，可能有抽搐、休克症状甚至死亡。

（3）触电事故的急救　发生了触电事故，不要惊慌失措，要迅速、果断地采取有效的应急措施。抢险人员在现场可采取相应的急救方法，竭尽全力做好触电人员的救护。

① 处理触电事故中，抢险人员首先应做到的是使触电者尽快脱离电源。

触电者距离电源开关较近时，可立即拉下闸刀或拔掉插头，断开电源，使触电者很快脱离电源。

触电者距离电源开关较远，不方便快速关闭电源开关时，抢险人员可用绝缘良好的电工钳或有干燥木柄的利器（刀、斧、锹等）砍断电线，或利用一些绝缘体，如扁担、木棍、塑料、橡胶制品等，将触电者的电源（如电线）挑开，使其迅速脱离电源（见图 6.58）。

对高压触电的情况，应立即通知有关部门及时停电，或

图 6.58　使用绝缘体施救示意图

消防员读本

迅速拉下电闸开关，或由有经验的人采取特殊措施切断电源。

② 对于触电者，应抓紧时间进行急救处理

a. 对触电后神志清醒的人员，要安排家属或其他人照顾、观察，身体情况比较稳定后，方可正常活动；对轻度昏迷或呼吸微弱者，可针刺或掐人中、涌泉等穴位，不要站立或走动，并送医院进行救治。

b. 立即就地进行抢救，如呼吸停止，采用口对口人工呼吸法抢救，若心脏停止跳动或不规则颤动，可进行人工心外按压法进行抢救，直至呼吸、心跳恢复。

c. 如触电者心跳和呼吸都已停止，则须同时采取人工呼吸和心外按压法等措施进行抢救。

d. 当有触电灼烧伤伤员时，灼伤局部应就地取材进行创面的简易包扎，再送医院抢救。

（4）现场急救的注意事项

① 救护者要注意保护自己，不要用手直接拉触电者，也不允许用潮湿的工具或金属棒去移动电源。

② 在帮助触电者脱离电源时，应注意防止其被摔伤，不要用手直接拉触电者，也不允许用潮湿的工具或金属棒去移动电源，防止自己触电。

③ 对于触电者同时产生的外伤，应根据不同情况酌情处理。对不危及生命的轻度外伤，可以在触电急救之后处理；对严重外伤，应与现场心肺复苏同时进行。

④ 触电者衣服被电弧引燃时，应迅速扑灭其身上的火源，可利用衣服、被子、湿毛巾等灭火，也可就地躺下翻滚，压灭火焰。

⑤ 夜间处理触电事故时，切断电源会造成照明失电，应考虑切断电源后的临时照明。

3. 溺水的现场急救

溺水是指人淹没于水中，水和水中污泥、杂草等堵塞呼吸道或因反射性喉、气管、支气管痉挛引起通气障碍而窒息。

当淹溺发生时，大量水分进入溺水者机体血循环，血液被稀释，出现低钠、低氯、低钙血症及溶血；溶血引起高血钾，导致心室纤维性颤动的发生，造成死亡。淹溺可引起全身缺氧，导致脑水肿，肺部进入污水可发生肺部感染。发生海水淹溺时，海水中含3.5％氯化钠，含有高渗氯化钠的液体进入肺泡内，因渗透压的作用，致使血中水分大量进入肺内，造成严重肺水肿，导致心肺衰竭而生命丧失。污水、粪池或沼泽地淹溺时，常有窒息性气体或刺激性气体中毒。

（1）溺水症状

① 轻度溺水者，溺水时间很短，溺水者仅吸入少量水，有反射性呼吸暂停，神志清醒，血压升高，心率加快，呼吸浅表，面色苍白。

② 中度溺水者，溺水时间约1～2分钟，溺水者口腔、鼻孔和气管内会充满血性泡沫或泥沙，有剧烈呛咳、呕吐，呼吸不规则，神志模糊或烦躁不安，心跳减慢，血压下降，大多发生肺水肿。

③ 重度溺水者，溺水时间较长，溺水者已处于昏迷状态，面色青紫，口鼻腔充满血性泡沫或泥沙，四肢厥冷，昏睡不醒，瞳孔散大，呼吸停止，严重者心跳呼吸停止而死亡。

（2）溺水的现场急救

① 水中救出　水中救出是抢救溺水者的首要环节。

抢险人员不习水性或现场不适合下水时（如溺水者掉入冰窟窿中），可投入木板、树木、救生圈、塑料泡沫板、长杆等，让落水者攀扶上岸。

抢险人员要保持镇静，应利用现场一切可用的工具，如救生艇、冲浪板或其他漂浮装置，迅速接近溺水者，观察清楚位置，从其后方出手救援，用左（右）手从其左（右）臂或身体中间握其右（左）手，或者拖其头部，然后采取仰游的姿势把其拖向岸边，注意不要被溺水者紧抱缠身，以免累及自身（见图6.59）。

② 岸上急救　一旦溺水者被救出水面应立即评估意识、呼吸和循环。

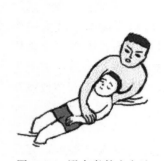

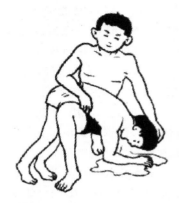

图 6.59　溺水者救出方法　　　　图 6.60　溺水者的控水处理

a. 立即清除溺水者口鼻淤泥、杂草、呕吐物等，解开衣扣、领口，并打开气道。

b. 溺水者上岸后，应迅速进行控水处理。抢险人员一腿跪地，另一腿出膝，将溺者的腹部放在膝盖上，使其头下垂，然后再按压其腹、背部，迫使吸入呼吸道和胃内的水流出（见图 6.60）。也可利用地面上的自然余坡，将头置于下坡处的位置，以及小木凳、大石头、倒扣的铁锅等作垫高物来控水均可。

c. 如果意识丧失生命体征存在，应及时去除口腔异物。包括取下假牙，应将其舌头拉出，以免后翻堵塞呼吸道，保持呼吸畅通。

d. 对呼吸已停止的溺水者，应立即进行人工呼吸（详见现场心肺复苏术内容）。

e. 如呼吸心跳均已停止，应立即进行人工呼吸和心脏按压（详见现场心肺复苏术内容）。

f. 溺水者经现场急救处理，在呼吸心跳恢复后，可脱去湿冷的衣物以干爽的毛毯包裹全身保暖。应立即送往附近医院，在送医院途中，仍需不停地对溺水者做人工呼吸和心脏按压，以便于医生抢救。

（3）现场急救的注意事项

① 下水前先脱掉长衣长裤和鞋子，以免衣裤湿水后会缠住手脚，无法动作。

② 不要从正面去救援，否则会被溺水者抱住，导致双方下沉。

③ 控水处理不应时间太长，以免延误抢救时机。

④ 要注意合并伤的防治，如骨折的固定，脊柱损伤的搬运等。

⑤ 人工呼吸和心脏按压的时间可能会很长，不要轻易放弃，特别是在专业急救人员来到之前，一定要坚持有效的心肺复苏的实施。

4. 交通事故的现场急救

随着社会经济的发展，汽车数量增加，交通事故明显增多。车祸已构成现场急救工作最重要的一部分。严重的车祸可导致人员伤亡，伤情以外伤、骨折为主，同时伴有烧伤和烫伤等复合伤。

交通事故的主要受伤部位为头部、盆腔、四肢、肝、脾、胸部。死亡的主要原因为头部损伤，严重的复合伤和碾压伤。如果是运输危险化学品的车辆发生了交通事故，不仅造成人员受伤，还可能由于危险化学品受到撞击、受热、泄漏等发生火灾、爆炸及人员中毒事故，事故损失将进一步扩大。

（1）交通事故常见的伤害形式

① 撞击伤　机动车速度快，惯性大，一旦被撞击或紧急减速等都会造成人体的损伤。伤员身体可直接与汽车部件发生撞击而造成颅脑损伤、颈椎损伤、脸部损伤、骨折和玻璃刺伤等。

② 挤碾伤　伤员被车轮或车身挤压、碾轧或被车身撞倒所致的伤害。可造成骨折、脏器破碎、钝挫伤、窒息等。

③ 烧伤　在交通事故中，由于热、电、化学等因素对人体造成的大面积烧伤。车辆燃烧产生的有毒烟雾还可能使人员中毒。

④ 爆炸伤　因车辆起火爆炸引发的对人体的损伤，主要是冲击波和继发投射物造成的损伤。

⑤ 溺水　指车辆翻车坠至河水里、池塘、湖里，人员落水造成的溺水。

（2）交通事故现场急救

① 将伤者从车内拖出　交通事故发生后，伤员可能仍处于川流不息的车流危险中，应尽快将伤者拖离车行道，置于应急车道

或其他较为安全的地带；当车辆受损严重，伤者无法从车内拖出时，应使用液压扩张器、液压剪、无齿锯、起重气垫等破拆工具对车辆进行破拆，然后将伤者从车内救出，再进行救治。值得注意的是，抢险人员到达现场后，除非处境会危害其生命（如汽车着火、有爆炸可能），在未对现场情况进行评估情况下，切勿立即移动伤者。

② 正确判断伤情和受伤部位　抢险人员到达现场后，立即查看现场，对现场伤员的被困情况、伤亡人员数量、位置、受伤程度进行初步评估，在对伤情进行评估的同时，应尽快将伤员转移到安全地带。通过听、看、摸、问、测等快速检伤手段对每个伤员进行伤情评估，对伤员按轻度、中度、重度伤、死亡人员进行分类，然后根据伤员分类结果，分轻重缓急对伤员进行救护。

③ 先救命，后救伤　检伤时对失去意识，呼吸、心跳停止者，应将其置于复苏体位，立即进行心脏按压和人工呼吸。对意识丧失者宜用手帕、手指清除伤员口鼻中泥土、呕吐物、假牙等，随后让伤员侧卧或俯卧。对意识、呼吸与心跳存在者，根据受伤部位不同，应摆好正确体位，同时准备急救药品、器材。

④ 采用正确的搬动方法　注意正确的搬动伤员方法，保护脊柱和骨折肢体。骨折伤员极易在搬运途中发生二次损伤，转运前应用夹板妥善固定伤肢，开放性骨折伤员不可将骨折端送回伤口内，以免加重损伤及污染伤口深部。脊柱损伤者不能采用拖、拽、抱等方式，应使用脊柱固定板，移动时要尽量把伤者整体平移，应将伤者移到担架上或平的硬板上，伤员躯体保持平直、不扭曲的状态，才能进行搬运，以保护颈椎、脊髓等。搬运昏迷或有窒息危险的伤员时，应采用侧俯卧的方式，防止呕吐物造成伤员的窒息。

⑤ 迅速止血，包扎伤口，固定骨折　抢救失血伤员时，应先进行止血。在紧急情况下，须先用压迫法止血，然后再根据出血情况改用其他止血法。当伤员较大动脉出血时，可采用指压止血法快速止血。可采用绷带、三角巾、止血带等爆炸器材进行包扎止血。在没有上述材料的情况下，也可用毛巾、手帕、床单、长筒尼龙袜

子等进行伤口包扎。当遇有骨折伤员时，应先止血，后固定。可用夹板、木棍或树枝等固定骨折部位。骨折固定应保证固定稳妥牢固，且要固定骨折的两端和上下两个关节为宜。

⑥ 转送医院　在对伤员进行了初步的、较为有效的止血、包扎等急救措施后，伤情较为稳定的情况下，可转送医院进行进一步的救治。

（3）现场急救的注意事项

① 将失事车辆引擎关闭，拉紧手掣或用石头固定车轮，防止汽车滑动。

② 发生交通事故后，要就地抢救伤员，只有在止血、包扎、固定完成后才搬动伤员。

③ 不要取出伤口内异物，避免损伤神经、血管和脏器。

④ 化学烧伤时，要用大量的清水快速冲洗，但不要在伤口上涂抹任何药物，水疱也不要扎破。

⑤ 伤员搬动时，应时刻注意其脊柱的保护，应保持在躯体的平直，防止脊柱错位。

⑥ 防止危险化学品的伤害。在交通事故中，可能会遇到载有危险化学品的车辆，对此类事故处置时，要防止中毒、爆炸、燃烧等危害的发生。

⑦ 如果交通事故涉及危险化学品时，应首先了解危险化学品的种类、名称和危险特性，针对性地实施应急行动，同时尽量佩戴个人防护用品，站在上风侧进行现场急救。

5. 低温冻伤的现场急救

冻伤是指由低温寒冷所致的人体组织损伤，部位多见于四肢、耳郭、鼻尖等末梢暴露部位。人体长时间暴露于低温、潮湿、大风环境中，造成的大量热量流失，从而造成冻伤。例如消防员在处置液化气体泄漏事故中，液化石油气、液氨和液氮等泄漏后，大量汽化而吸收周围空气中的热量，造成周围空气温度急剧下降，如现场救援人员防护措施不当，极易造成低温冻伤。

（1）冻伤的类型

① 非冻结性冻伤　由 10℃ 以下至冰点以上的低温，加以潮湿条件所造成。如冻疮、战壕足、浸渍足。伤者的足、手和耳部红肿，伴痒感或刺痛，有水疱，合并感染后糜烂或溃疡。

② 冻结性冻伤　暴露在冰点以下低温的机体局部皮肤、血管性收缩，血流缓慢，影响细胞代谢。当局部得常温后，血管扩张、充血、有渗液。大多发生于意外事故或战争时期，人体接触冰点以下的低温和野外遇暴风雪，掉入冰雪中或不慎被制冷剂如液氮，固体 CO_2 损伤所致。全身性的冻结性损伤俗称为"冻僵"，主要病理表现除躯干，肢体冷冻僵硬外，体温降至 30℃ 以下，中枢抑制、昏迷、无知觉，内脏功能低下，甚至死亡。

（2）冻伤的现场急救

① 迅速脱离低温环境，尽快复温　迅速将伤员送进温暖的室内，脱掉或剪除潮湿和冻结的衣服、鞋袜，尽早用 40～44℃ 的恒温热水浸泡，浸泡期间要不断加水，以使水温保持。或用热水袋、电热毯等方法使伤害部位快速复温，先躯干中心复温，后肢体复温，直到伤部充血或体温正常为止，禁用冷水浸泡、雪搓或火烤。

② 创面护理　擦干创面，涂不含酒精（无刺激性）的消毒剂，用无菌厚层敷料包扎，不要挑破水疱，指（趾）间用无菌纱布隔开，防止粘连。

③ 预防感染　肌肉注射抗感染药物，未行破伤风类霉素注射者，应行破伤风抗霉血清和类毒素注射。

④ 现场心肺复苏的实施　若伤者已不省人事，则让他以复原姿势躺下。伤者呼吸停止时，立刻将气道开放，并进行人工呼吸。若脉搏停止跳动，则要进行心肺复苏术，并尽快送医。

⑤ 低温伤员应做好全身和局部保暖，然后送到低温伤专科医院治疗。

（3）现场急救注意事项

① 冻伤急救时，若一时无法获得温热水，可将冻伤部位置于救护者怀中或腋下复温。

②全身冻伤，体温降到 20℃ 以下就很危险。此时一定不要让伤员睡觉，强打精神并振作活动的很重要的。

③禁止把患部直接泡入热水中或用火烤患部，这样会使冻伤加重。

④注意不可摩擦或按摩患处，亦不可以辐射热使患处温暖。

第七章

典型火灾的扑救

第一节　仓储火灾扑救

一、露天堆垛火灾扑救

露天堆垛也称露天堆场，是指在空旷场地、无封闭、无遮盖条件下堆积贮存物资的场所。这里所讲的主要是存放的棉、麻、木材、稻草、芦苇、药材和化学纤维等可燃物资堆场。

1. 火灾特点

（1）火势发展猛烈，蔓延途径多

① 露天堆垛存放的物资大都是可燃物，起火后在充足氧气供应下，火势发展迅速，燃烧猛烈。

② 火势会从堆垛的外层通过缝隙燃烧到内部。

（2）飞火飘落，燃烧面积大　棉、麻、草、苇、木材等物质密度低、质地疏松，在大风或火场热气流的作用下，燃烧碎片或燃烧纤维团被抛向空中，飘落到其他堆垛或可燃物上，会造成大面积火灾。

（3）扑救时间长　当堆垛上明火消灭后，需逐垛检查，边翻垛、边浇水、边疏散，要经过较长时间的扑救和观察，才能彻底消灭火灾。

（4）用水量大　火灾面积大，持续时间长，灭火用水量增多。

2. 灭火基本要求

合理使用消防水源，坚持"以阵地战为主"，积极疏散和用水枪保护临近堆垛，控制火势蔓延，消灭火灾。

3. 灭火战术要点

① 要把主要力量部署在下风方向，全力堵截火势的蔓延。

② 穿插分割，围点冲击。将火场划分成几个战斗区段，组织水枪强行穿插，分割堆垛，包围灭火。

③ 灭火、疏散相结合。在堵截火势的同时，用水枪掩护人员疏散和保护受火势威胁的堆垛。

④ 扑灭飞火。组织人员密切监视下风方向的飞火飘落情况，设置机动力量及时扑灭由飞火造成的新火点，视情建立第二道防线。

4. 灭火措施和行动要求

（1）火情侦察

① 外部观察和询问知情人。要弄清堆垛物质的种类、性质、数量及堆垛形式；以及火势燃烧程度和蔓延方向。

② 深入垛区中间侦察。要弄清堆垛间的距离及未燃烧堆垛受火势威胁程度；选择进攻和疏散物资的路线。

（2）疏散物资

先疏散受火势威胁严重的堆垛，再视情况疏散其他堆垛。

（3）保护邻近未燃堆垛　用开花水枪全面覆盖未燃堆垛，降低堆垛表面温度，防止因受热辐射或飞火作用引起新火点，用淋湿苫布遮盖，阻止火势蔓延。

（4）翻垛、检查、扑灭阴燃　在扑灭明火后，要组织人员、机械进行翻垛灭火，彻底检查并扑灭阴燃火源，防止复燃。

5. 注意事项

① 调足灭火力量。露天堆垛火场可燃物多，火势猛、燃烧时间长，要加强第一出动，调足灭火力量。

② 搞好安全防护。

③ 不应轻易登垛，注意堆垛坍塌，防止人员伤亡。

④ 组织灭火力量适时替换。

⑤ 确保火场通信联络。

⑥ 做好后勤保障。

二、危险化学品仓库火灾扑救

危险化学品仓库，是指贮存易燃、易爆、毒害、腐蚀、放射性等危险物品的专业仓库。

1. 基本特点

① 危险化学品仓库耐火等级高。危险化学品仓库多为一级、二级耐火等级建筑，部分为三级耐火等级建筑，也有建于地下的。

② 危险化学品仓库的库房之间，防火、防爆间距规范，出入口少。

2. 火灾特点

(1) 燃烧猛烈，蔓延迅速，易发生爆炸

① 易燃液体、气体或固体，发生火灾时，火势异常猛烈，短时间内就可能形成大面积火灾。

② 罐（桶）装的易燃、可燃液体在受热的条件下，有发生爆炸（裂）的可能；易燃液体的蒸气、可燃气体、可燃粉尘等，在一定条件下都可发生爆炸。

(2) 火情复杂多变，灭火剂选择难度大　危险化学品种类繁多，各具特性，在灭火和疏散物资时，如果不慎使性质相异的物品混杂、接触或错误使用忌用的灭火剂，都将造成火灾突变。

(3) 产生有毒气体，易发生化学性灼伤，扑救难度大。

3. 灭火基本要求

确定警戒范围，疏散危险区内人员，避免重大伤亡；正确使用灭火剂，合理选择进攻路线，快攻近战灭火。

4. 灭火战术要点

(1) 准确划定警戒范围　根据现场有毒和可燃气体扩散情况，准确划出警戒范围和安全区，设立明显标志。要组织专人负责疏散警戒区域内的群众，消除一切火种、火源和电源。

(2) 正确选用灭火剂

① 多数可燃液体火灾都能用泡沫扑救，其中水溶性的有机溶剂火灾应用抗溶性泡沫扑救。

② 可燃气体火灾可以用二氧化碳、干粉、卤代烷等灭火剂扑救。

③ 有毒气体火灾，酸、碱液体引起的火灾，可用雾状或开花

水流稀释，酸液用碱性水，碱液用酸性水更为有效。

④ 遇水燃烧物质及轻金属火灾，宜用干粉、干沙土、水泥以及特殊灭火剂覆盖灭火。

（3）正确实施灭火措施

① 快攻近战，以快制快。根据建筑结构、燃烧性质和火情，正确布置水枪阵地，选择相应的灭火剂灭火。

② 重点突破，冷却防爆。根据物品贮存形式、燃烧特性，正确实施疏散、冷却等方法，阻止火势蔓延扩大。

5. 灭火措施和行动要求

（1）火情侦察

① 外部观察和询问知情人。迅速了解仓库的起火部位、扩散范围、危险物品种类、数量、贮放形式及毗邻仓库的有关情况。

② 查明有无爆炸危险，有无人员被困、伤亡，建筑物破坏程度，有无再次爆炸的可能。

③ 查明战斗展开、疏散物资的通道及通行状况。

（2）迅速调集相应灭火剂　对于忌水或不宜用水扑救的物品要组织好其他灭火剂的供给。

（3）正确组织危险物品的疏散和保护　疏散化学危险物品时，要有安全的防护装具，并正确操作；疏散出的危险物品，要加以看管，分类存放。

三、粮食仓库火灾扑救

粮食仓库，是粮食集中贮存的场所。粮食仓库分为室内仓库和露天仓库两种，室内仓库根据建筑结构不同，分为简易库房和永久库房。

1. 基本特点

① 粮食仓库多为单层建筑，除少数采用一、二级耐火等级建筑外，大多数为三级耐火等级建筑。

② 库内贮粮的方式多为袋装堆垛或散粮苇囤，粮食包装品和部分建筑构件都是可燃的。

③ 机械化立筒式（圆筒仓）有钢混结构和砖混结构两种。钢混结构立筒仓，一般由工作塔、仓筒群和收发三部分组成，是大型现代化贮粮设施。

2. 火灾特点

（1）易形成大面积燃烧

① 粮库房盖一般是可燃的，贮存粮食的用具也容易燃烧，发生火灾后，在风力作用下，极易形成大面积火灾。

② 多层库房的火势，可能同时向纵横两个方向发展。

③ 粮垛易散，引起大面积燃烧。

④ 火势会沿着沉积粉尘蔓延。

（2）炭化阴燃，纵向蔓延

① 堆垛表面燃烧扑灭后，残留的内部火势，易形成阴燃。

② 火势沿麻袋缝隙、粮食颗粒间隙向内部蔓延。

（3）烟雾大、损失严重　阴燃的粮食易产生大量烟雾，烟灰和被污染的水被粮食吸附后，易造成粮食的大量损失。

（4）易发生粉尘爆炸

① 仓内空间悬浮的粉尘，当达到一定的浓度，遇火源易发生爆炸。

② 机械化立筒仓各系统都有粉尘爆炸的危险。

③ 灭火不慎，将沉积粉尘冲击悬起，也能引起爆炸。

3. 灭火基本要求

坚持"堵截控制、灭火保粮"的原则，有效控制火势蔓延，消灭火灾，有效保护和疏散受火势威胁的粮食。

4. 灭火战术要点

① 坚持灭火与保粮兼顾的原则，准确把握控制火势与保粮的时机，通常情况下，在实施控制火势蔓延的同时，部署力量疏散粮食。

② 堵截火势，灭火保粮。根据燃烧部位和火势情况，利用内部消火栓或消防车出水，采取堵截措施，在有效控制火势的条件下，积极展开攻势，迅速消灭燃烧，并且将未燃烧的粮食向外疏

散，防止受损。

5. 灭火措施和行动要求

（1）火情侦察

① 外部观察和询问知情人。查明：燃烧部位火势发展情况；以及库区内消防水源数量、位置及取水形式。

② 内部侦察。查明：起火部位、燃烧范围、蔓延方向；库房内贮粮形式、高度、间距情况；库房建筑结构、防火分隔、设备、通道、电源、电器情况；室内消火栓位置、进攻路线和堵截阵地设置位置、疏散粮食的途径；粉尘状态和通风情况。

（2）近战强攻　选择建筑的出入口、固定楼梯和消防登高设施进攻。登高设施有多层库房的楼梯、天桥、栈桥、移动消防梯等。

（3）疏散措施

① 利用机械和输送设备进行疏散。

② 利用人工进行疏散。

③ 打开筒仓底部，开阀放粮等。

（4）火场供水

① 利用库内消火栓直接供水灭火。

② 利用库区内室外消火栓或贮水池向火场直接供水、接力供水或运水供水灭火。

（5）火场排烟　排烟的方式主要有机械通风排烟、水枪射流排烟。

（6）注意事项

① 参战人员要搞好个人防护。

② 进入库内堵截火势时，必须佩戴空气呼吸器。

③ 注意观察库房、粮囤燃烧和受火势威胁情况，防止库房和粮囤坍塌伤人。

④ 扑救粮食仓库火灾，一般应使用开花、喷雾水流，防止粉尘爆炸和水渍损失。

⑤ 正确选择疏散通道、进攻路线、水枪阵地；通风排烟要掌握好时机，要合理使用水源。

第二节　石油化工企业火灾扑救

一、油气井喷火灾的扑救

井喷火灾是钻井或采油过程中最大和最难处理的灾害事故之一。在钻井过程中往往由于勘测、设计、施工不准确，操作错误，配备泥浆不当，设备损坏等原因而发生井喷。在大量的油（气）从地下喷出时，如遇到引火源（烟火、电火花等），即能发生井喷火灾。

1. 井喷火灾的特点

（1）地层压力大，燃烧火柱高　油气井发生井喷火灾时，地层的压力都很高，喷出的油气形成燃烧的火柱，一般高达几十米，有的高达近百米。

（2）火焰温度高，辐射热很强　油气井喷发生火灾时，火势猛烈，火焰温度可达2020℃。

（3）火焰形状多种多样　在井喷火焰高温的作用下，常会出现井架塌落，井口破坏，钻具变形。油气流就会出现垂直上喷，四周斜喷，有集中向上燃烧的火柱，也有分散为火炬形状的火焰。

（4）声响大　发生井喷时，由于载有很高压力的油气流在冲击地表时，与井口装置或其他设备产生强力的摩擦，发出特大的噪声，严重影响火场的语言指挥和联络。

（5）容易造成大面积火灾　从井下喷出的原油在空中没有完全烧尽落到井场上继续燃烧，形成大面积的燃烧。

2. 扑救井喷火灾的战术措施

（1）冷却设备，掩护清场　当油气井喷发生火灾后，井架很快被烧塌，井口被烧毁，井场周围可燃物着火，火势迅速扩大蔓延。消防队到达火场后，应迅速用水冷却井口装置防止破坏，冷却井场上设备和可燃物质，控制火势蔓延，协助抢险队伍清除井场障碍。

第七章　典型火灾的扑救

251

（2）冲击分隔，扑灭火焰 组织相当数量的水枪，从不同方向，射出密集水流，将燃烧的油气与未燃烧的油气分隔开来。同时，用强有力的水流冲击火焰，进而扑灭火灾。

（3）内注外喷，抑制燃烧 根据燃烧是一种游离基的连锁反应和破坏这种反应而能停止燃烧的原理，采取内注外喷的方法，将灭火剂投入燃烧区，使燃烧停止。

（4）爆破火焰，隔离灭火 利用炸药在火焰中心爆炸，借助爆炸产生的高压气浪，将火焰推向空中，将油气压回井内，同时将燃烧区的空气推向四周，造成瞬间窒息，隔离火焰与油气的接触，扑灭火灾。

二、石油贮罐火灾的扑救

1. 石油贮罐（油池）燃烧的特点

（1）先爆炸后燃烧 石油在一定的温度下，能蒸发出大量的蒸气。当这些油蒸气与空气混合达到一定比例时，遇到明火便会发生爆炸。在油蒸气爆炸时产生高温，又迅速加热石油，使石油大量蒸发。在油蒸气尚未与空气充分混合时，便在高温的作用下开始燃烧，因而继爆炸之后又形成稳定形式的燃烧。先爆炸后燃烧是石油贮罐发生火灾时较常见的燃烧特点之一。

（2）在燃烧中发生爆炸 燃烧中发生爆炸，促使火势扩大，对灭火人员的安全有一定的威胁，因此，在扑灭燃烧的同时，要积极采取措施，消除产生爆炸的条件，防止爆炸。

（3）稳定性燃烧 石油蒸气在未与空气形成爆炸性混合物之前遇到明火或高温时，就会迅速形成稳定性燃烧，如果客观条件不再发生变化，这种稳定性燃烧就将一直延续到石油烧完。

（4）爆炸后不发生燃烧 在发生爆炸后，由于没有石油存在，因此也会出现不能继续燃烧的情形。

（5）沸腾或喷溅 在黏度比较大、导热性能良好的重质石油中含有水分，或在油层下部垫有水层，它在火焰高温的作用下，会形成载有一定压力的水蒸气，促使燃烧着的石油发生沸腾或喷溅，使火势扩大，形成大面积燃烧，并对灭火人员和装备的安全有一定威胁，给扑救工作增加许多困难，事先必须有所准备。

（6）火焰有起有伏　原油在燃烧过程中，火焰会呈现出有起有伏的特点。起时燃烧速度快，火焰高大，火势猛烈，辐射热强；伏时燃烧面积缩小，速度减慢，火焰矮小，火势微弱。

2. 扑救石油贮罐（油池）火灾的战术措施

（1）启动灭火装置，迅速扑灭　当油罐（池）发生火灾后，在固定灭火装置没有损坏、失效的情况下，应迅速组织力量，启动灭火装置，抓住火灾初起这一有利时机，迅速扑灭火灾。

（2）冷却降温，控制火势　冷却燃烧油罐和邻近受火势威胁的油罐、设备、建筑物，是扑救石油贮罐（油池）火灾的一项重要的战术措施。对油罐的冷却保护有以下要求。

① 要有足够数量的水枪和水量，冷却燃烧油罐和相邻近的油罐。

② 冷却油罐的水流，应喷射在油罐壁的上部。这是因为油罐的上部受热易变形，同时，射在油罐上部的水沿罐壁下流可冷却油罐下部。对于地下或半地下油罐的冷却，水流应喷射在油罐的顶部，防止罐盖受热损坏和石油受热大量蒸发。

③ 冷却用水应连续不断，冷却罐壁要均匀，不能出现空白点，防止罐壁冷却不均而变形损坏。

④ 不能将冷却水射入油罐内，防止石油的沸腾喷溅和降低泡沫的灭火效能。

（3）备足力量，围歼火灾　扑救油罐（池）火灾，应按照扑救各种油品对灭火剂供给强度的要求，备足消防车辆、器材和灭火剂。在备足所需灭火力量之后，围歼火灾有以下要求：

① 将泡沫液等灭火剂和灭火器材（泡沫炮、泡沫管枪或钩管等）配置于进攻阵地上。

② 准备好充足的水源，保证火场不间断地供水。

③ 在泡沫灭火进攻之前，要做好喷射泡沫的试验，确保灭火器材完整好用。

④ 在做好各项灭火准备之后，要在火场指挥员统一号令下，各个灭火阵地同时向燃烧区展开进攻，集中准确地将泡沫灭火剂喷入火区，一举扑灭火灾。

⑤ 在向燃烧油罐（池）火灾进攻时，要根据燃烧面积的大小和灭火器材的性能，选择一个或几个进攻阵地，在燃烧区的上风和侧风方向，围歼火灾。

（4）筑堤堵截，阻击蔓延

① 设有防火堤的油罐发生火灾，大量液体流到堤内进行燃烧时，应迅速组织力量堵住防火堤的排水沟（道），关闭输油管道的闸门，防止液体流到堤外扩大燃烧。

② 在未建防火堤的油罐（池）发生火灾，石油已经流散或有可能流散时，要迅速组织人力物力，在适当距离上，建立一道或数道坝形土堤，堵截液体的流散，阻击火势的蔓延。当石油流散在水面上燃烧时，可设置阻油浮漂或采用化学药剂使石油沉入水中，防止液体流散扩大火势。

③ 对于少量已流散燃烧的原油、重油、沥青和闪点较高的石油产品，可采用强有力的水流，阻挡燃烧液体的流散，扑灭火灾。

（5）消灭残火，防止复燃

① 在扑灭油罐火灾之后还应不间断地对油罐壁进行冷却，直至把油罐设备及石油的温度降低到起火前的温度为止。

② 在油罐爆炸、罐体变形塌落时，当大面积明火被扑灭后，隐藏在各个角落中的暗火还会继续扩大燃烧。对于这些暗火，可采取提高油品液面，或降低液面，破拆罐体结构等办法加以扑灭。

③ 在用泡沫扑灭了油罐火灾之后，还应继续供应一定数量的泡沫，以增加泡沫覆盖的厚度，防止泡沫在罐壁和油品温度的作用下过早地失去覆盖窒息作用而使油品复燃。

④ 油罐火灾扑灭以后，对现场应加强监护，防止火种接近，再次引起燃烧。

三、炼油厂火灾的扑救

炼油厂按产品可分为燃料型炼油厂，燃料-润滑油炼油厂，燃料-化工型炼油厂和燃料-润滑油-化工型炼油厂。原油经过炼制分别生产出燃料油、润滑油、沥青、石蜡、焦炭以及乙烯、丙烯和各种芳香烃等石油产品。

1. 生产装置和火灾特点

（1）原料产品易燃易爆　　在炼油生产过程中的原料、中间体和绝大部分石油产品，均属易燃易爆的液体和气体。这些物质如果从生产设备中跑、冒、滴、漏出来，当本身温度超过自燃点时，遇到空气就会迅速燃烧；在与空气混合后，遇到明火或高温时，可能发生爆炸。

（2）工艺设备高温高压　　在炼油工艺过程中，由于生产的需要，在许多工艺设备中载有高温和高压装置。

（3）装置高大密集　　高大的炼油装置上部发生火灾，易燃液体将沿塔体流下来，引起塔体下部的燃烧；塔体下部起火，火焰将直烧上部塔体，形成立体形式的燃烧。由于各种生产装置之间的距离很近，当某一装置发生火灾后，火势对周围装置的威胁很大，容易造成火势蔓延。

（4）塔炉泵管前后相连　　当某一生产装置发生火灾后，它将影响着前与后各种装置的正常运转，如不采取相应的处置措施，还会发生燃烧、爆炸或其他灾害事故。火势不仅从生产装置的外部蔓延，还可沿生产装置和管线的内部蔓延。

（5）装置容积大、石油存量多　　在发生火灾时，如果装置、管线损坏，油气跑漏，不仅会形成大面积火灾，而且会由于油品的不断流出，使燃烧延续相当长的时间。

2. 扑救炼油厂火灾的战术措施

在掌握了火场情况的基础上，要根据炼油厂生产装置和火灾的特点，采取冷却设备阻击蔓延，降温降压削弱火势，关闭阀门断绝油源，筑堤导流阻截消灭，上下设防分进合击的战术，扑灭火灾。

（1）冷却设备，阻击蔓延　在炼油设备的某一部位发生火灾时，由于火焰的热辐射和金属设备的热传导，火势将严重威胁邻近的生产装置、设备、管道或其建（构）筑物的安全。为阻击火势的扩大蔓延，防止相邻设备的燃烧或爆炸，必须及时采用强有力的水流，削弱热传播，降低设备温度，阻击火势的扩大蔓延。

（2）降温降压，削弱火势　在降低设备压力时，一定要防止形成负压，以防空气进入设备系统形成爆炸性混合物而发生设备爆炸，扩大火灾。

（3）关闭阀门，断绝油源　在关闭某一设备的阀门时，对这一设备的前后生产工艺，应采取相应的措施，防止因关闭某设备阀门而发生其他事故。

（4）筑堤导流，阻截消灭　在炼油装置发生火灾后，如果装置设备破损，容器管线破裂，大量的易燃液体从生产装置中跑漏出来，流散蔓延。为控制火势发展，阻击火势蔓延。首先，必须根据火灾现场的地形，在适当的地点筑堤阻流，并引导油流流向排放沟道。然后选择有利阵地，部署消防力量，阻击火势，扑灭火灾。

（5）上下设防，分进合击　为迅速扑灭火灾，在战术上必须采取上下设防，分进合击的方法，即在扑救生产装置火灾时，除在生产装置下部火势蔓延的路线上，设置阵地部署灭火力量，阻击火势蔓延外，还必须在生产装置的上部，借助登高设备或火场周围较高的炼塔、建（构）筑物，选择有利阵地，部署优势灭火力量，形成上下设防的阵势，在火场指挥员的指挥下，从各个阵地向火源进攻，分进合击扑灭火灾。

（6）加强防护，保证安全　在扑救炼油厂火灾时，应注意防护油气、烟雾的侵袭毒害。如果需要长时间在下风坚持灭火时，则应定时组织换班，或采取防护措施，保证参战人员的安全。

四、化工企业的火灾技术

1. 化工企业火灾的特点

（1）爆炸危险性大　化工企业火灾，引起爆炸的原因有以下几种。

① 由于生产设备有跑、冒、滴、漏等现象，可燃气体、液体从设备中流出以后，遇着火源时，极易发生爆炸引起火灾。

② 在灭火过程中，如果对处于高温、高压的生产设备不及时采取降温、降压等有效措施，由于火焰高温的作用，生产设备会超温、超压而发生爆炸。

③ 贮存可燃气体、液体的压缩气体钢瓶、金属容器等，在火场上长时间受高温影响，使容器内部压力增大，当超过容器最大耐压极限时，也能发生爆炸。

④ 爆炸性物质或氧化剂，在受到高温作用时，发生剧烈的化学反应（分解、氧化）而引起燃烧或爆炸。灭火过程中，抢救某些敏感性较强的爆炸性物质时，如有摩擦、撞击等情况，也可能引起爆炸。

⑤ 扑救化工企业单位的火灾时，因选用灭火剂或灭火措施不当，也会出现爆炸的情况。

（2）燃烧速度快　由于泄漏物多为易燃易爆物品，一旦引燃，燃烧速度特别快，不易控制。

（3）容易出现立体形式的燃烧　由于化工生产工艺复杂，生产设备多为立体布置，一旦发生火灾，很容易形成立体燃烧，从而增大扑救难度。

2. 扑救化工企业火灾的战术措施

（1）预案指挥，以快制快　对化工企业的重点部位，必须在调查研究、战术演练的基础上，制定切实可行的灭火作战预案。

（2）堵截火势，防止蔓延　在组织扑救化工企业火灾时，首要的任务是控制火势发展，消除火势的蔓延扩大。就是在火势蔓延的主要方面，部署精干的力量，堵截火势，防止蔓延。

（3）重点突破，排除险情　根据化工企业火灾容易发生爆炸的特点，消防队到达火场必须迅速查明情况，组织突击力量，采取重点突破的战术，排除爆炸危险。

（4）分割包围，速战速决　化工企业的贮罐、反应器、管道发生火灾，都是先在一个罐或某一段燃烧，随着燃烧的发展，火势向邻近罐或设备蔓延。针对这种特点，应采取分割包围战术，集中力

量包围燃烧罐或反应器，保护邻近罐、反应器、设备等。

第三节 危险化学品火灾扑救

一、危险化学品的危险特性

1. 爆炸品

包括爆炸物质和以爆炸物质为原料制成的成品在内的物品的总称，只要对爆炸物质（炸药）的危险特性能充分了解，就可以基本掌握爆炸品的危险特性。因此，爆炸品的危险特性，实质就是指炸药的危险特性。

① 敏感易爆性　炸药对外界作用比较敏感，可以用火焰、撞击、摩擦、针刺或电能等较小的简单的初始冲能就能引起爆炸。

② 自燃危险性　由于火药的缓慢热分解放出的热量及产生的二氧化氮气体不能及时散发出去，火药内部就会产生热积累，当达到其自燃点时便会自行着火或爆炸。

③ 遇热（火焰）易爆性　炸药对热的作用是十分敏感的，常常因为遇到高温或火焰的作用而发生爆炸。

④ 机械作用危险性　炸药受到撞击、震动、摩擦等机械作用时都有着火、爆炸的危险，在生产、贮存和运输过程中，均有可能受到意外的撞击、震动、摩擦等机械作用而爆炸。

⑤ 带静电危险性　炸药在摩擦时产生静电，即在积累静电后爆炸。同时，在放电火花作用下炸药也会发生爆炸。

⑥ 爆炸破坏性　爆炸品一旦发生爆炸，爆炸中心的高温、高压气体产物会迅速向外膨胀，剧烈地冲击、压缩周围原来平静的空气，使其压力、密度、温度突然升高，形成很强的空气冲击波并迅速向外传播。

⑦ 着火危险性　炸药的成分都是易燃物质，而且着火不需外界供给氧气。这是因为炸药本身是含氧的化合物或者是可燃物与氧

化剂的混合物，形成分解式燃烧。

⑧ 毒害性　有些炸药本身都具有一定毒害性，且绝大多数炸药爆炸时能够产生诸如一氧化碳、二氧化碳、一氧化氮、二氧化氮、氢氰酸、氮气等有毒或窒息性气体，可从呼吸道、食道甚至皮肤等进入体内，引起中毒。

2. 压缩气体和液化气体

① 易燃易爆性　在列入《危险货物品名表》（GB 12286—2012）的压缩气体或液化气体当中，约有 54.1% 是可燃气体，有 61% 的气体具有火灾危险性。

② 扩散性　处于气体状态的任何物质都没有固定的形状和体积，且能自发地充满任何容器。由于气体的分子间距大，相互作用力小，所以非常容易扩散。

③ 可缩性和膨胀性　任何物体都有热胀冷缩的性质，气体也不例外，其体积也会因温度的升降而胀缩，且胀缩的幅度比液体要大得多。

④ 带电性　任何物体的摩擦都会产生静电，氢气、乙烯、乙炔、天然气、液化石油气等压缩气体或液化气体从管口或破损处高速喷出时也同样能产生静电。

⑤ 腐蚀性、毒害性和窒息性　主要是一些含氢、硫元素的气体具有腐蚀性。目前危险性最大的是氢，氢在高压下能渗透到碳素中去，使金属容器发生"氢脆"变疏。

除氧气和压缩空气外，压缩气体和液化气体大都具有一定的毒害性，毒性最大的是氰化氢。

除氧气和压缩空气外，其他压缩气体和液化气体都具有窒息性。

⑥ 氧化性　有些气体本身不可燃，但氧化性很强，是强氧化剂，与可燃气体混合时能着火或爆炸。

3. 易燃液体

① 高度易燃　易燃液体的沸点低，加之着火所需的能量小，具有高度的易燃性。

② 蒸气易爆　易燃液体的挥发性越强，爆炸危险就越大。

③ 受热膨胀性　贮存于密闭容器中的易燃液体受热后，在本身体积膨胀的同时会使蒸气压力增加，如若超过了容器所能承受的压力限度，就会造成容器膨胀，以致爆裂。

④ 流动性　在火场上贮罐（容器）一旦爆裂，液体会四处流淌，造成火势蔓延，扩大着火面积，给施救工作带来困难。

⑤ 带电性　多数易燃液体都是电介质，在灌注、输送、喷流过程中能够产生静电，当静电荷聚集到一定程度则会放电发火，故有引起着火或爆炸的危险。

⑥ 毒害性　易燃液体大都本身或其蒸气具有毒害性，有的还有刺激性和腐蚀性。

4. 易燃固体

① 燃点低、易点燃　易燃固体的着火点都比较低，一般在300℃以下，在常温下只要有能量很小的着火源与之作用即能引起燃烧。

② 遇酸、氧化剂易燃易爆　绝大多数易燃固体遇无机酸性腐蚀品、氧化剂等能够立即引起着火或爆炸。

③ 本身或燃烧产物有毒　很多易燃固体本身就是具有毒害性或燃烧后能产生有毒气体的物质，如硫磺、三硫化四磷等，不仅与皮肤接触（特别夏季有汗的情况下）能引起中毒，而且粉尘吸入后，亦能引起中毒。

④ 兼有遇湿易燃性　硫的磷化物类，不仅具有遇火受热的易燃性，而且还具有遇湿易燃性。

⑤ 自燃危险性　易燃固体中的赛璐珞、硝化棉及其制品等在积热不散的条件下都容易自燃起火，硝化棉在40℃的条件下就会分解。

棉、麻、丝毛、化学纤维丙类易燃固体具有易燃性、阴燃性、自燃性的特点。

5. 易于自燃的物质

① 遇空气自燃　易于自燃的物质大部分性质非常活泼，具有

极强的还原性，接触空气后能迅速与空气中的氧化合，并产生大量的热，达到其自燃点而着火，接触氧化剂和其他氧化性物质反应更加剧烈，甚至爆炸。

② 遇水易燃　硼、锌、锑、铝的烷基化合物类，烷基铝氢化合物类，烷基铝卤化物类自燃物品，化学性质非常活泼，具有极强的还原性，遇氧化剂和酸类反应剧烈。除在空气中能自燃外，遇水或受潮还能分解而自燃或爆炸。

③ 积热自燃　硝化纤维的胶片、废影片、光片等，化学性质很不稳定，在常温下就能缓慢分解，当堆积在一起或通风不好时，分解反应产生的热量无法散失，放出的热量越积越多，便会自动升温达到其自燃点而着火，火焰温度可达 1200℃。

6. 遇水放出易燃气体的物质

① 遇水易燃易爆　遇水后发生剧烈的化学反应使水分解，夺取水中的氧与之化合，放出可燃气体和热量。

② 遇氧化剂和酸着火爆炸　遇湿易燃物品除遇水能反应外，遇到氧化剂、酸也能发生反应，而且比遇到水反应的更加剧烈，危险性更大。

③ 自燃危险险性　有些物品不仅有遇湿易燃危险，而且还有自燃危险性。

④ 毒害性和腐蚀性　在遇湿易燃物品中，有一些与水反应生成的气体是易燃有毒的，如乙炔、磷化氢、四氢化硅等。

7. 氧化性物质

① 强烈的氧化性　氧化性物质具有价态高、金属活泼性强、易分解的特点，有极强的氧化性；本身不燃烧，但与可燃物作用能发生着火和爆炸。

② 受热被撞分解性　当受热、被撞或摩擦时极易分解，若接触易燃物、有机物，特别是与木炭粉、硫黄粉、淀粉等粉末状可燃物混合时，能引起着火和爆炸。

③ 可燃性　不仅具有很强的氧化性，而且与可燃性物质结合可引起着火或爆炸，着火不需要外界的可燃物参与即可燃烧。

④ 与可燃液体作用自燃性　有些氧化剂与可燃液体接触能引起自燃。

⑤ 与酸作用分解性　氧化剂遇酸后，大多数能发生反应，而且反应常常是剧烈的，甚至引起爆炸。

⑥ 与水作用分解性　有些氧化剂，特别是过氧化钠、过氧化钾等活泼金属的过氧化物，遇水或吸收空气中的水蒸气和二氧化碳时，能分解放出原子氧，致使可燃物质燃爆。

⑦ 强氧化剂与弱氧化剂作用的分解性　在氧化剂中，强氧化剂与弱氧化剂相互之间接触能发生复分解反应，产生高热而引起着火或爆炸。

⑧ 腐蚀毒害性　绝大多数氧化剂都具有一定的毒害性和腐蚀性，能毒害人体，烧伤皮肤。

8. 有机过氧化物

① 分解爆炸性　由于有机过氧化物都含有极不稳定的过氧基结构，对热、震动、冲击或摩擦都极为敏感，所以当受到轻微的外力作用时即分解。

② 易燃性　有机过氧化物不仅极易分解爆炸，而且还特别易燃。

③ 人身伤害性　有机过氧化物的人身伤害性主要表现为容易伤害眼睛，有些即使与眼睛短暂的接触，也会对角膜造成严重的伤害。

9. 毒性物质

① 毒害性　毒害性主要表现为对人体及其他动物的伤害，引起人体及其他动物中毒的主要途径是呼吸道、消化道和皮肤三个方面。

② 遇湿易燃性　无机毒性物质中金属的氰化物和硒化物大都本身不燃，但都有遇湿易燃性。

③ 氧化性　在无机毒性物质中，锑、汞和铅等金属的氧化物大都本身不燃，但都具有氧化性。

④ 易燃性　毒性物质中，有很多是透明或油状的易燃液体，

有的是低闪点或中闪点液体。

⑤ 易爆性　毒性物质中含硝基的化合物，遇高热、撞击等都可引起爆炸，并分解出有毒气体。

10. 腐蚀性物质

① 腐蚀性　腐蚀性物质会对人体、有机物质（木材、衣物、皮革、纸张等）和金属造成腐蚀。

② 毒害性　在腐蚀性物质中，有一部分能挥发出具有强烈腐蚀和毒害性的气体。

③ 氧化性　无机腐蚀性物质大都具有较强氧化性，有的还是氧化性很强的氧化剂，与可燃物接触或遇高温时，都有着火或爆炸的危险。

④ 易燃性　有机腐蚀性物质大都可燃，且有的非常易燃。

⑤ 遇水分解易燃性　有些腐蚀性物质，特别是多卤化合物，遇水分解、放热、冒烟，放出具有腐蚀性的气体，这些气体遇空气中的水蒸气还可形成酸雾。

二、扑救危险化学物品火灾的基本对策

危险化学物品容易发生着火、爆炸事故，但不同的危险化学物品以及在不同的情况下发生火灾时，其扑救方法差异很大，若处置不当，不仅不能有效扑灭火灾，反而会使灾情进一步扩大。此外，由于这类物品本身及其燃烧产物大多具有较强的毒害性和腐蚀性，极易造成人员中毒、灼伤。

扑救危险化学品火灾总的要求是如下。

① 扑救人员应占领上风或侧风阵地。

② 前方侦察、扑救、疏散人员应采取针对性防护措施。如佩戴防护面具，穿戴专用防护服等。危险物品火灾现场应尽量佩戴隔绝式面具，因为一般防护面具对一氧化碳无效。

③ 应迅速查明燃烧范围、燃烧物品及其周围物品的品名和主要危险特性、火势蔓延的主要途径。

④ 正确选择最适应的灭火剂和灭火方法。火势较大时，应先

堵截火势蔓延，控制燃烧范围，然后逐步扑灭火势。

⑤ 对于时发生爆炸、爆裂、喷溅等特别危险需紧急撤退的情况，应规定统一的撤退信号和撤退方法。并进行适当的演练（撤退信号应格外醒目，能使现场所有人员都看到或听到）。

1. 扑救压缩或液化气体火灾的基本对策

压缩或液化气体总是被贮存在不同的容器内，或通过管道输送。其中贮存在较小钢瓶内的气体压力较高，受热或受火焰熏烤容易发生爆裂。气体泄漏后遇着火源已形成稳定燃烧时，其发生爆炸或再次爆炸的危险性与可燃气体泄漏未燃时相比要小得多。遇压缩或液化气体火灾一般应采取以下基本对策。

① 扑救气体火灾切忌盲目扑灭火势，即使在扑救周围火势以及冷却过程中不小心把泄漏处的火焰扑灭了，在没有采取堵漏措施的情况下，也必须立即用长点火棒将火点燃，使其恢复稳定燃烧。否则，大量可燃气体泄漏出来与空气混合，遇着火源就会发生爆炸，后果将不堪设想。

② 首先应扑灭外围被火源引燃的可燃物火势，切断火势蔓延途径，控制燃烧范围，并积极抢救受伤和被困人员。

③ 如果火势中有压力容器或有受到火焰辐射热威胁的压力容器，能疏散的应尽量在水枪的掩护下疏散到安全地带，不能疏散的应部署足够的水枪进行冷却保护。为防止容器爆裂伤人，进行冷却的人员应尽量采用低姿射水或利用现场坚实的掩蔽体防护。对卧式贮罐，冷却人员应选择贮罐四侧角作为射水阵地。

④ 如果是输气管道泄漏着火，应设法找到气源阀门。阀门完好时，只要关闭气体的进出阀门，火势就会自动熄灭。

⑤ 贮罐或管道泄漏关阀无效时，应根据火势判断气体压力和泄漏口的大小及其形状，准备好相应的堵漏材料（如软木塞、橡皮塞、气囊塞、黏合剂、弯管工具等）。

⑥ 堵漏工作准备就绪后，即可用水扑救火势，也可用干粉、二氧化碳、卤代烷灭火，但仍需用水冷却烧烫的罐或管壁。火扑灭后，应立即用堵漏材料堵漏，同时用雾状水稀释和驱散泄漏出来的

气体。

⑦ 一般情况下完成了堵漏也就完成了灭火工作，但有时一次堵漏不一定能成功。如果一次堵漏失败，再次堵漏需一定时间，应立即用长点火棒将泄漏处点燃，使其恢复稳定燃烧，以防止较长时间泄漏出来的大量可燃气体与空气混合后形成爆炸性混合物，从而潜伏发生爆炸的危险，并准备再次灭火堵漏。

⑧ 如果确认泄漏口非常大，根本无法堵漏，只需冷却着火容器及其周围容器和可燃物品，控制着火范围，直到燃气燃尽，火势自动熄灭。

⑨ 现场指挥应密切注意各种危险征兆，遇有火势熄灭后较长时间未能恢复稳定燃烧或受热辐射的容器安全阀火焰变亮耀眼、尖叫、晃动等爆裂征兆时，指挥员必须适时做出准确判断，及时下达撤退命令。现场人员看到或听到事先规定的撤退信号后，应迅速撤退至安全地带。

⑩ 气体贮罐或管道阀门处泄漏着火时，在特殊情况下，只要判断阀门尚有效，也可违反常规，先扑灭火势，再关闭阀门。一旦发现关闭已无效，一时又无法堵漏时，应迅即点燃，恢复稳定燃烧。

2. 扑救易燃液体火灾的基本对策

易燃液体通常也是贮存在容器内或用管道输送的。与气体不同的是，液体容器有的密闭，有的敞开，一般都是常压，只有反应锅（炉、釜）及输送管道内的液体压力较高。液体不管是否着火，如果发生泄漏或溢出，都将顺着地面（或水面）漂散流淌，而且，易燃液体还有相对密度和水溶性等涉及能否用水和普通泡沫扑救的问题，以及危险性很大的沸溢和喷溅问题，因此，扑救易燃液体火灾往往也是一场艰难的战斗。遇易燃液体火灾，一般应采取以下基本对策。

① 首先应切断火势蔓延的途径，冷却和疏散受火势威胁的压力及密闭容器和可燃物，控制燃烧范围，并积极抢救受伤和被困人员。如有液体流淌时，应筑堤（或用围油栏）拦截漂散流淌的易燃

液体或挖沟导流。

②及时了解和掌握着火液体的品名、相对密度、水溶性以及有无毒害、腐蚀、沸溢、喷溅等危险性，以便采取相应的灭火和防护措施。

③对较大的贮罐或流淌火灾，应准确判断着火面积。小面积（一般 50m² 以内）液体火灾，一般可用雾状水扑灭。用泡沫、干粉、二氧化碳灭火一般更有效。大面积液体火灾则必须根据其相对密度、水溶性和燃烧面积大小，选择正确的灭火剂扑救。比水轻又不溶于水的液体（如汽油、苯等），用直流水、雾状水灭火往往无效。可用普通蛋白泡沫或轻水泡沫扑灭。用干粉、卤代烷扑救时灭火效果要视燃烧面积大小和燃烧条件而定，最好用水冷却罐壁。比水重又不溶于水的液体（如二硫化碳）起火时可用水扑救，水能覆盖在液面上灭火。用泡沫也有效。用干粉，卤代烷扑救，灭火效果要视燃烧面积大小和燃烧条件而定。最好用水冷却罐壁。具有水溶性的液体（如醇类、酮类等），最好用抗溶性泡沫扑救。用干粉或卤代烷扑救时，灭火效果要视燃烧面积大小和燃烧条件而定，也需用水冷却罐壁。

④扑救毒害性、腐蚀性或燃烧产物毒害性较强的易燃液体火灾，扑救人员必须佩戴防护面具，采取防护措施。

⑤扑救原油和重油等具有沸溢和喷溅危险的液体火灾。如有条件，可采用取放水、搅拌等防止发生沸溢和喷溅的措施，在灭火同时必须注意计算可能发生沸溢、喷溅的时间和观察是否有沸溢、喷溅的征兆。指挥员发现危险征兆时应迅速做出准确判断，及时下达撤退命令，避免造成人员伤亡和装备损失。扑救人员看到或听到统一撤退信号后，应立即撤至安全地带。

⑥遇易燃液体管道或贮罐泄漏着火，在切断蔓延把火势限制在一定范围内的同时，对输送管道应设法找到并关闭进、出阀门，如果管道阀门已损坏或是贮罐泄漏，应迅速准备好堵漏材料，然后先用泡沫、干粉、二氧化碳或雾状水等扑灭地上的流淌火焰，为堵漏扫清障碍，其次再扑灭泄漏口的火焰，并迅速采取堵漏措施。与

气体堵漏不同的是，液体一次堵漏失败，可连续堵几次，只要用泡沫覆盖地面，并堵住液体流淌和控制好周围着火源，不必点燃泄漏口的液体。

3. 扑救爆炸物品火灾的基本对策

爆炸物品一般都有专门或临时的贮存仓库。这类物品由于内部结构含有爆炸性基团，受摩擦、撞击、震动、高温等外界因素激发，极易发生爆炸，遇明火则更危险。遇爆炸物品火灾时，一般应采取以下基本对策。

① 迅速判断和查明再次发生爆炸的可能性和危险性，紧紧抓住爆炸后和再次发生爆炸之前的有利时机，采取一切可能的措施，全力制止再次爆炸的发生。

② 切忌用沙土盖压，以免增强爆炸物品爆炸时的威力。

③ 如果有疏散可能，人身安全上确有可靠保障，应迅即组织力量及时疏散着火区域周围的爆炸物品，使着火区周围形成一个隔离带。

④ 扑救爆炸物品堆垛时，水流应采用吊射，避免强力水流直接冲击堆垛，以免堆垛倒塌引起再次爆炸。

⑤ 灭火人员应尽量利用现场现成的掩蔽体或尽量采用卧姿等低姿射水，尽可能地采取自我保护措施。消防车辆不要停靠得离爆炸物品太近。

⑥ 灭火人员发现有发生再次爆炸的危险时，应立即向现场指挥报告，现场指挥应迅速做出准确判断，确有发生再次爆炸征兆或危险时，应立即下达撤退命令。灭火人员看到或听到撤退信号后，应迅速撤至安全地带，来不及撤退时，应就地卧倒。

4. 扑救遇水放出易燃气体物质火灾的基本对策

遇水放出易燃气体物质由于其发生火灾时的灭火措施特殊，在贮存时要求分库或隔离分堆单独贮存，但在实际操作中有时往往很难完全做到，尤其是在生产和运输过程中更难以做到，如铝制品厂往往遍地积有铝粉。对包装坚固、封口严密、数量又少的遇湿易燃物品，在贮存规定上允许同室分堆或同柜分格贮存。这就给其火灾

扑救工作带来了更大的困难，灭火人员在扑救中应谨慎处置。对遇湿易燃物品火灾一般应采取以下基本对策。

① 首先应了解清楚遇水放出易燃气体物质的品名、数量、是否与其他物品混存、燃烧范围、火势蔓延途径。

② 如果只有极少量（一般50g以内）遇水放出易燃气体物质，则不管是否与其他物品混存，仍可用大量的水或泡沫扑救。水或泡沫刚接触着火点时，短时间内可能会使火势增大，但少量遇湿易燃物品燃尽后，火势很快就会熄灭或减小。

③ 如果遇水放出易燃气体物质数量较多，且未与其他物品混存，则绝对禁止用水或泡沫、酸碱等湿性灭火剂扑救。遇水放出易燃气体物质应用干粉、二氧化碳、卤代烷扑救，只有金属钾、钠、铝、镁等个别物品用二氧化碳、卤代烷无效。固体遇水放出易燃气体物质应用水泥、干砂、干粉、硅藻土和蛭石等覆盖。水泥是扑救固体遇水放出易燃气体物质火灾比较容易得到的灭火剂。对遇水放出易燃气体物质中的粉尘如镁粉、铝粉等，切忌喷射有压力的灭火剂，以防止将粉尘吹扬起来，与空气形成爆炸性混合物而导致爆炸发生。

④ 如果有较多的遇水放出易燃气体物质与其他物品混存，则应先查明是哪类物品着火，遇水放出易燃气体物质的包装是否损坏。可先用开关水枪向着火点吊射少量的水进行试探，如未见火势明显增大，证明遇水放出易燃气体物质尚未着火，包装也未损坏，应立即用大量水或泡沫扑救，扑灭火势后立即组织力量将淋过水或仍在潮湿区域的遇水放出易燃气体物质疏散到安全地带分散开来。如射水试探后火势明显增大，则证明遇水放出易燃气体物质已经着火或包装已经损坏，应禁止用水、泡沫、酸碱灭火器扑救。若是液体应用干粉等灭火剂扑救；若是固体应用水泥、干砂等覆盖。如遇钾、钠、铝、镁轻金属发生火灾，最好用石墨粉、氯化钠以及专用的轻金属灭火剂扑救。

⑤ 如果其他物品火灾威胁到相邻的较多遇水放出易燃气体物质，应先用油布或塑料膜等其他防水布将遇湿易燃物品遮盖好，然

后再在上面盖上棉被并淋上水。如果遇水放出易燃气体物质堆放处地势不太高，可在其周围用土筑一道防水堤。在用水或泡沫扑救火灾时，对相邻的遇水放出易燃气体物质应留一定的力量监护。

5. 扑救氧化性物质和有机过氧化物火灾的基本对策

氧化性物质和有机过氧化物从灭火角度讲是一个杂类。既有固体、液体，又有气体；既不像遇水放出易燃气体物质一概不能用水和泡沫扑救，也不像易燃固体几乎都可用水和泡沫扑救。有些氧化剂本身不燃，但遇可燃物品或酸碱能着火和爆炸。有机过氧化物（如过氧化二苯甲酰等）本身就能着火、爆炸，危险性特别大，扑救时要注意人员防护。不同的氧化性物质和有机过氧化物火灾，有的可用水（最好雾状水）和泡沫扑救，有的不能用水和泡沫，有的不能用二氧化碳扑救，酸碱灭火剂则几乎都不适用。因此，扑救氧化性物质和有机过氧化物火灾是一场复杂而又艰难的战斗。遇到氧化性物质和有机过氧化物火灾，一般应采取以下基本对策。

① 迅速查明着火或反应的氧化性物质和有机过氧化物以及其他燃烧物的品名、数量、主要危险特性、燃烧范围、火势蔓延途径、能否用水或泡沫扑救。

② 能用水或泡沫扑救时，应尽一切可能切断火势蔓延，使着火区孤立，限制燃烧范围，同时应积极抢救受伤和被困人员。

③ 不能用水、泡沫、二氧化碳扑救时，应用干粉、或用水泥、干沙覆盖。用水泥、干沙覆盖应先从着火区域四周尤其是下风等火势主要蔓延方向覆盖起，形成孤立火势的隔离带，然后逐步向着火点进逼。

大多数氧化性物质和有机过氧化物遇酸会发生剧烈反应甚至爆炸，如过氧化钠、过氧化钾、氯酸钾、高锰酸钾、过氧化二苯甲酰等。活泼金属过氧化物等一部分氧化剂也不能用水、泡沫和二氧化碳扑救。因此，专门生产、经营、贮存、运输、使用这类物品的单位和场合不要配备酸碱灭火器，对泡沫和二氧化碳也应慎用。

6. 扑救毒害品、腐蚀品火灾的基本对策

毒害品和腐蚀品对人体都有一定危害。毒害品主要是经口或吸

入蒸气或通过皮肤接触引起人体中毒的。腐蚀品是通过皮肤接触使人体形成化学灼伤。毒害品、腐蚀品有些本身能着火，有的本身并不着火，但与其他可燃物品接触后能着火。这类物品发生火灾时通常扑救不很困难，只是需要特别注意人体的防护。遇这类物品火灾一般应采取以下基本对策。

① 灭火人员必须穿着防护服，佩戴防护面具。一般情况下采取全身防护即可，对有特殊要求的物品火灾，应使用专用防护服。考虑到过滤式防毒面具防毒范围的局限性，在扑救毒害品火灾时应尽量使用隔绝式氧气或空气面具。为了在火场上能正确使用和适应，平时应进行严格的适应性训练。

② 积极抢救受伤和被困人员，限制燃烧范围。毒害品、腐蚀品火灾极易造成人员伤亡，灭火人员在采取防护措施后，应立即投入寻找和抢救受伤、被困人员的工作。并努力限制燃烧范围。

③ 扑救时应尽量使用低压水流或雾状水，避免腐蚀品、毒害品溅出。遇酸类或碱类腐蚀品最好调制相应的中和剂稀释中和。

④ 遇毒害品、腐蚀品容器泄漏，在扑灭火势后应采取堵漏措施。腐蚀品需用防腐材料堵漏。

⑤ 浓硫酸遇水能放出大量的热，会导致沸腾飞溅，需特别注意防护。扑救浓硫酸与其他可燃物品接触发生的火灾，浓硫酸数量不多时，可用大量低压水快速扑救。如果浓硫酸量很大，应先用二氧化碳、干粉、卤代烷等灭火，然后再把着火物品与浓硫酸分开。

7. 扑救易燃固体、自燃物品火灾的基本对策

易燃固体、自燃物品一般都可用水和泡沫扑救，相对其他种类的化学危险物品而言是比较容易扑救的，只要控制住燃烧范围，逐步扑灭即可。但也有少数易燃固体、自燃物品的扑救方法比较特殊，如2,4-二硝基苯甲醚、二硝基萘、萘、黄磷等。

① 2,4-二硝基苯甲醚、二硝基萘、萘等是能升华的易燃固体，受热发出易燃蒸气。火灾时可用雾状水、泡沫扑救并切断火势蔓延途径。但应注意，不能以为明火焰扑灭即已完成灭火工作，因为受

热以后升华的易燃蒸气能在不知不觉中飘逸，在上层与空气能形成爆炸性混合物，尤其是在室内，易发生爆燃。因此，扑救这类物品火灾千万不能被假象所迷惑。在扑救过程中应不时向燃烧区域上空及周围喷射雾状水，并用水浇灭燃烧区域及其周围的一切火源。

② 黄磷是自燃点很低、在空气中能很快氧化升温并自燃的自燃物品。遇黄磷火灾时，首先应切断火势蔓延途径，控制燃烧范围。对着火的黄磷应用低压水或雾状水扑救。高压直流水冲击能引起黄磷飞溅，导致灾害扩大。黄磷熔融液体流淌时应用泥土、砂袋等筑堤拦截并用雾状水冷却，对磷块和冷却后已固化的黄磷，应用钳子钳入贮水容器中。来不及钳时可先用沙土掩盖，但应做好标记，待火势扑灭后，再逐步集中到贮水容器中。

③ 少数易燃固体和自燃物品不能用水和泡沫扑救，如三硫化二磷、铝粉、烷基铝、保险粉等，应根据具体情况区别处理。宜选用干砂和不用压力喷射的干粉扑救。

第四节　电气火灾扑救

一、电气线路的火灾原因

电气线路火灾是常见的电气火灾之一。发生火灾的原因主要有：漏电、短路、过负荷、接触电阻过大、电火花和电弧等。

1. 漏电

漏电会造成人员触电，严重时，漏电火花和高温可成为总火源，漏电火灾的原因主要有以下几种。

① 绝缘导线受机械损伤或受潮湿、高温、腐蚀等影响及陈旧老化后，绝缘性能大大降低。

② 选用的绝缘导线的绝缘强度偏低。

③ 导线连接处绝缘质量不佳。

④ 裸导线的支架材料绝缘能力下降等。

2. 短路

短路时,在一瞬间会产生很高的温度和热量,大大超过了线路正常输电时的发热量,可以使电线的绝缘层燃烧、金属熔化,引起附近的可燃物燃烧,造成火灾。短路的原因有以下几种。

① 电线年久失修,绝缘层老化或受损脱落;电源过电压使导线绝缘层被击穿。

② 由于金属等导电物件或鸟、鼠、蛇等小动物跨接在输电裸线的两相之间。

③ 电线因机械强度不够而断落,接触大地或落碰在另一相线上。

④ 电线与金属等硬物长期摩擦使绝缘层破裂;架空电线与建筑物、树木距离太小,电线与建筑物或树木接触。

⑤ 安装修理人员接错线路或带电作业时造成人为碰线短路等。

3. 过负荷

过负荷的火灾原因有以下几种。

① 在设计、安装线路时,电线截面选择不当,实际负载超过了电线的安全载流量。

② 在线路中接入了过多或功率过大的电气设备,超过了电气线路的负载能力。

4. 接触电阻过大

接触电阻过大会使接线处过热,引起金属变色、熔化,甚至导致电气线路的绝缘层燃烧、附近的可燃物质以及积落的可燃粉尘、纤维着火。主要原因有以下几种。

① 安装质量差,造成导线与导线、导线与电气设备的连接点连接不牢。

② 连接点由于热作用或长期振动使接头松动。

③ 铜、铝接触点没有处理好或在导线连接处有杂质,如氧化层、油质、泥土。

④ 铜铝连接时未采用铜铝过渡接线板,在电腐蚀作用下增大接触电阻。

5. 电火花、电弧

产生电火花、电弧的原因有以下几种。

① 导线绝缘损坏或导线断裂，形成短路或接地时，在短路点或接地处将有强烈电弧产生。

② 大负荷导线连接处松动，在松动处会产生电火花和电弧。

③ 架空的裸导线、混线相碰或在风雨中短路，各种开关在接通或切断电路，熔断器的熔丝熔断，以及在带电情况下检修或操作电气设备时，都将会有电火花或电弧产生。

二、电气火灾的扑救

1. 断电灭火

切断电源时应采取如下措施。

① 地电压在 250V 以下的电源，可穿戴绝缘靴和绝缘手套，用"绝缘电剪"将电线切断。切断的位置应在电源方向的支持物附近，防止剪断后导线掉在落地上，造成对地短路，触电伤人。对三相线路的非同相电线，应在不同部分剪断。在剪断绞形多股线时，更要注意这一点。剪断后，断头要用胶布包好，防止发生短路。

② 切断用磁力开关启动的带电设备时，应先用按钮停电，然后再断开闸刀开关，防止带负荷操作产生电弧伤人。

③ 有配电室的单位可断开主开关（油开关）；装有隔离开关的，不能随便拉开隔离开关，以免产生电弧，发生危险。

2. 带电灭火

发生火灾后，如果等待断电再灭火，可能失去灭火时机，使火势蔓延扩大，波及危险部位或重要部位；或者由于断电，可能造成更大的经济损失，影响生产和造成人员伤亡。在这种情况下，可采取带电灭火。

（1）确定最小安全距离　有关单位负责人应与电工等取得联系，了解带电设备、线路的电压，确定最小安全距离，再组织人员进行带电灭火。

（2）正确使用灭火剂　扑救初期的带电设备、线路火灾，可采

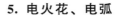

用二氧化碳或干粉灭火剂灭火。这些灭火剂电阻率很大，导泄电流很小，使用时，应尽量在上风方向施放，特别要保持人与带电体的最小安全距离。要注意不能直接用导电的灭火剂和直接水流、泡沫等进行喷射，否则会造成触电。

（3）启动灭火装置灭火　按照规范的要求，一类建筑内的自备发电机房和其他贵重设备室，应设有二氧化碳或卤代烷、水喷雾灭火、蒸汽灭火等固定灭火装置。当安装有固定灭火装置的场所（部位）发生火灾时，应及时启动灭火装置灭火。

（4）用水带电灭火　事先必须穿戴好绝缘手套和绝缘胶靴，宜采用塑料水枪。根据电压高低选择好距离，然后出水施救。但在扑救过程中，要防止水流入手套和胶靴而使绝缘强度降低。同时，其他人员不得与水带接触，防止漏泄电流伤人。在用水带电灭火时，应采用喷雾水灭火。无论采取哪种具体措施，都要保持人体和水枪喷嘴至带电体之间的距离不小于 5m，110kV 及以下电压可保持3m 以上距离。扑救架空的供电设备火灾时，要注意人与带电体之间的位置，以防导线下落，危及扑救人员的安全。此外，对有油的电气设备，如变压器、油开关着火时，也可用干燥的黄沙盖住火焰，使火熄灭。

第五节　交通工具火灾扑救

一、公路与水路运输

随着国民经济的全面增长，公路和水路运输业的不断发展，使得此类火灾事故的发生率不断上升，造成的人员伤亡和火灾损失大幅度增加。

1. 公路与水路运输火灾危险性

① 汽车、船舶大都以汽油、柴油作燃料，有的还使用液化石油气，这些都是易燃易爆物品，如果使用、贮存不当都有可能引起

火灾或爆炸事故。

② 汽车、船舶自身都设置和装饰有大量易燃、可燃材料，一旦发生火灾，则会迅速蔓延。

③ 汽车、船舶的动力必须通过燃料的燃烧获得，而动力装置则需要电气设备和线路，就其本身而言，燃油系统故障和电气故障就有可能产生火源。

④ 在货物贮存和运输途中，可能会受到外来火源的侵袭；甚至汽车在停车库、场中停放或船舶在停泊时也有受到外来火源侵袭的可能。

⑤ 液态易燃易爆物品在运输和装卸过程中，有可能因摩擦而产生静电；有些易燃易爆物品还具有自燃的特性。

⑥ 在汽车、船舶的检修和维护过程中，常常需要用到电、气焊等明火作业或使用油漆、汽油等易燃易爆物品。

2. 公路与水路运输火灾主要原因

公路和水路运输业发生火灾的原因是多方面的，但是从火灾统计资料来看，其主要原因不外乎以下几种。

① 电气原因是公路和水路运输业发生火灾事故的最主要的原因，由于电气设备或电气线路故障引发的火灾事故约占总起数的 40%。

② 违章操作引发的公路和水路运输业火灾事故约占总起数的 12% 以上。

③ 吸烟和用火不慎引发的公路和水路运输业火灾事故约占 10%，有的年份甚至占到 15% 以上。

④ 因泄私愤或打击报复而纵火造成的火灾事故约占 5% 左右。

⑤ 自燃引起的火灾事故约占 2%～3%。

此外，机械故障、明火烘烤、摩擦撞击（不包括交通肇事引起的车辆撞击火灾）、小孩玩火和雷击等其他原因引发的火灾事故，约占 15%；还有大约 15% 的火灾事故原因不明。

3. 公路与水路运输火灾特点

（1）火势蔓延快 汽车、船舶都载有一定量的动力燃料，再加

上自身都设置和装饰有大量易燃、可燃材料，一旦发生火灾，则会迅速蔓延，并极易导致油箱破裂或爆炸，使燃油遍地流淌，蔓延速度加快。

（2）扑救困难　汽车、船舶都是流动的运输工具，如在运输途中发生火灾，外部消防力量很难及时到达予以扑救。特别是火灾发生在偏僻地区，缺乏水源时，火灾扑救难度更大。

（3）火灾损失大，重、特大火灾事故多　汽车、船舶自身造价就比较高，运输车辆从几万、几十万到逾百万元的都有，运输船舶造价更高，少则几百万、多则几千万，甚至过亿元，其运载货物的价值更是难以估计，另外，由于汽车、船舶的流动性，还易引燃附近的其他可燃物，从而使火灾损失进一步扩大。再加上此类火灾事故火势蔓延快、扑救难度大，所以，一旦发生火灾，极易造成巨大的财产损失而形成重、特大火灾事故。

（4）火灾危害大，易造成群死群伤恶性火灾事故　正是由于汽车、船舶火灾蔓延速度快、扑救难度大，所以不仅易造成重大的财产损失，也易造成惨重的人员伤亡。特别是汽车车厢倾覆，车厢被挤压变形或车门压在下面无法打开时，人员疏散难度加大，火灾中的伤亡也随之加大；船舶因火灾沉没时，人员生还的可能性更小。同时，如果装载化学物品的车、船发生火灾事故时还会因泄漏造成重大环境污染事故。

4. 灭火战术要点

① 坚持"救人第一"的指导思想。集中力量用水枪的各种射流控制火势，为全力救人创造条件。

② 确定主攻方向。汽车库建筑和库内汽车同时发生火灾，应区别轻重缓急，确定主攻方向。

③ 汽车发动机、油箱着火，用干粉、二氧化碳等灭火剂灭火。火焰在油箱口着火，可用湿衣服等窒息灭火；汽车火灾发展到猛烈阶段，油箱、气瓶没有爆裂时，应不间断地冷却油箱或气瓶。载客汽车行驶中起火，车门不能开启时，应破拆车门、车窗救人，同时用雾状水掩护；汽车停在人员密集场所，易燃、易爆区域时，应迅

速将车辆驶离，无法驶离时，应迅速灭火，疏散人员，同时出水保护被威胁的建筑或可燃物。

④ 防止爆炸，明确保护重点。机舱、船楼、货油舱、驾驶台等重点部位，要实施重点保护。

⑤ 内外攻防，冷却保护，上堵下击，围舱（室）打火，逐层消灭，并要有效实施通风排烟。

二、列车火灾扑救

列车是运送货物、旅客的重要的交通运输工具。列车大体分客车、货车和机车。货车分普通货运列车和特殊货运列车（油罐车、空调车、邮政车）；机车分内燃机车、电力机车和蒸汽机车（日趋淘汰）。

1. 火灾特点

① 易造成人员伤亡　客车车厢内有大量的旅客，发生火灾后，烟雾会在车厢内迅速蔓延。尤其是列车在行驶途中无法及时停车，火势借车厢内运行的气流蔓延迅速，加之车厢内通道狭窄、车门少，旅客难以疏散，极易造成人员伤亡。

② 易形成大面积燃烧、爆炸　因一些异常事故，如列车颠覆等会造成多节车厢起火，特别是油（气）罐车，更会造成大面积燃烧，甚至引起爆炸。

③ 地面障碍物多，影响灭火战斗行动。

2. 灭火措施和行动要求

（1）火情侦察

① 外部观察和询问知情人。迅速了解起火部位、范围、被困人员情况；列车运载货物种类、性质，有无易燃、易爆及贵重物品；周围交通、水源状况。

② 深入列车车厢内侦察。一是被困人员数量、所处位置及疏散抢救的途径；二是火势蔓延的途径、燃烧物质性质、火灾范围、进攻路线和堵截阵地位置。

（2）疏散、抢救人员和物资

① 首先利用广播系统，稳定被困人员情绪，在列车工作人员和消防指战员引导下有秩序地疏散，防止惊慌、拥挤。

② 运行中的列车发生火灾，列车工作人员应迅速扳下紧急制动闸，使列车停下，并开启车门疏散人员至车下，或将旅客疏散到安全车厢内。

③ 疏散车厢。列车发生火灾时，应采取摘钩的方法，将未起火车厢与起火车厢分离。

④ 疏散和抢救人员时、首先是从起火车厢开始，其次是火势蔓延方向上的相邻一节车厢，尔后是另一相邻的车厢。

（3）控制火势　消防队到场后，要迅速出水，掩护疏散和救人，控制火势。对货车（油罐车、气罐车、危险物品车等）还应采取如下措施。

① 货车运行途中发生火灾，应迅速将车调停在有交通水源的地方，但不能进站。

② 货车在站内发生火灾、应将车驶至站外。

③ 将起火车厢与未起火车厢分离。

（4）机车火灾扑救方法

① 内燃机车　机车内部主要有柴油机、燃油箱、发电机、电动机、配电箱和电气线缆等设备，扑救火灾时，应停机断电，用泡沫或雾状水冷却、灭火。

② 电力机车　发生火灾后，应迅速切断电源，用水或其他灭火剂灭火。

③ 油罐车　发生火灾后，先冷却，同时，利用封堵方法窒息或用水枪在火焰根部交叉射水，隔绝火焰与空气接触，使火焰熄灭。对大面积油品火灾，应采取一面冷却油罐，一面用泡沫覆盖灭火的办法。

④ 气罐车　发生火灾后，可参见油罐车、液化石油气火灾的有关灭火方法。

⑤ 危险物品车　发生火灾后，应强行隔离，正确运用战术，合理使用灭火剂；有关办法可参见化学危险物品仓库火灾扑救。

（5）火场供水

① 水带的铺设方法。a. 先从铁轨上铺一条供水线路应急供给前方用水，而后再从铁轨下掏洞使水带从铁轨下穿过，替换铁轨上水带供水。b. 严寒地区因路基冻结，可使用分水器，在铁轨两侧铺设水带交替出水。c. 在有天桥或地下通道的火车站内，可利用天桥或地下通道铺设水带。

② 供水。a. 附近有消防水源时，应用消防车占领水源供水。b. 天然水源较远时，用消防车或手抬泵串联供水或运水。c. 消防车无法停靠时，用列车运载消防车辆器材或调用水罐运水灭火。

三、飞机火灾扑救

1. 火灾特点

（1）燃烧猛烈，伴有爆炸 位于机翼内的飞机燃油箱载有大量的燃油，失火后会形成熊熊大火，随后发生油箱、氧气钢瓶等物品爆炸。

（2）疏散困难，伤亡严重 一是机舱内人员密度大，通道狭窄，舱门少，起火后变形不易开启，往往会造成大量人员伤亡；二是舱室装饰材料燃烧后，会产生大量有毒气体，易造成遇险人员中毒或窒息。

（3）火灾地点不确定、扑救难度大 一般飞机事故多数是在飞行（起飞、降落为多）过程中，除机场飞机库以外，其他地点很难确定。突然起火较多，通往事故现场的交通不便，给扑救工作带来极大困难。

（4）飞机着火成灾速度快 短时间内可能造成机毁人亡事故。

2. 灭火战术要点

（1）优先救人，救人与灭火相结合 要迅速打开飞机舱门和出口，开辟疏散通道，全力组织救人，重点打击通道口火势，同时要在短时间内控制起火飞机上风或侧上风火势，以保护乘客和机组人员安全疏散。

（2）堵截蔓延、防止爆炸，登机灭火 首先利用机场特种消防

车辆水（泡沫）炮流量大、射程远的特点，迅速出水（泡沫）控制火势向驾驶舱、油箱、氧气瓶等重点部位蔓延，防止爆炸，快速实施登机灭火。

为避免飞机迫降起火，应先行在降落跑道上喷洒泡沫。

3. 灭火措施和行动要求

（1）火情侦察

① 与塔台联系。了解飞机型号、国籍、载客数量和火灾现场位置；搞清飞机是停港维护失火，还是起落、空中坠落失火。

② 外部观察和询问知情人。迅速了解飞机失火具体部位、处于何种燃烧状态、人员被困情况、有无爆炸危险、对周围有无威胁。

③ 深入机舱内部侦察。进一步查明被困人员数量、起火部位、燃烧范围、火势蔓延方向及进攻路线等。

（2）疏散和抢救人命

① 打开机舱门疏散。

② 打开紧急出口，利用充气滑梯救人。

③ 破拆疏散口（破拆位置飞机有明显标记），利用车梯、消防梯救人。

④ 破拆驾驶舱玻璃窗救人。

（3）不同部位火灾扑救

① 一侧机翼根部起火。消防车从上风或侧上风方向出泡沫灭火，控制火势向机舱和油箱蔓延，用水枪掩护机内人员撤离。

② 一侧机翼外发动机起火。消防车从机翼两侧的上风或侧风方向喷射泡沫灭火，掩护机内人员撤离。

③ 两侧机翼全部起火。消防车从飞机两侧的上风或侧上风方向，沿机身喷射泡沫，防止机身烧穿，并组织力量强行打开舱门或紧急出口疏散乘客。

④ 客舱内部起火。客舱内有乘客时，应用雾状水内攻灭火，重点保护驾驶舱和氧气钢瓶，若烟雾较浓时，可酌情打开舱门或紧急出口，击碎舷窗玻璃进行通风排烟，为乘客创造生存条件；无乘

客时，可往舱内灌注高倍数泡沫，窒息灭火。

⑤ 货舱内部起火。货舱内部起火，一般是阴燃，不急于打开货舱，以防轰燃。应根据货物性质，正确选用灭火剂，在做好喷射泡沫或内攻灭火的准备后，再实施灭火行动。

⑥ 封闭部位起火。飞机封闭部位主要是指机翼内腔、发动机吊舱、起落架等，这些部位起火，可直接向火点喷射干粉灭火剂灭火。

⑦ 流淌燃油起火。机腹下的流淌油火对机身威胁很大，应部署力量用泡沫打击流淌火焰，在上风方向用高倍数泡沫覆盖；也可直接利用泡沫炮喷射灭火，以免机翼受高温作用而变形；控制火势后，要快速组织救人，条件允许时，要一面灭火，一面救人。

⑧ 冷却降温，防止爆炸。飞机起火后，要及时出水、出泡沫冷却飞机油箱、氧气瓶及其他可爆炸的物品，防止发生爆炸，造成机毁人亡。

四、地铁火灾扑救

1. 火灾特点

（1）人的心理恐慌程度大，行动混乱程度高　地铁区间隧道出入口少、通道狭窄、疏散距离长、人员多，易发生挤踩事故。

（2）浓烟积聚不散　对人员逃生和火灾扑救都将带来很大的困难。

（3）温度上升快，峰值高　高温会造成气流方向的变化，对逃生人员影响很大，而且会对车站结构造成很大的破坏。

（4）人员疏散难度大　人员从地铁内部到地面开阔空间的疏散和避难都要有一个垂直上行的过程，影响疏散速度。

（5）扑救困难　由于地下空间限制，以及浓烟、高温、缺氧、有毒、视线不清、通信中断等原因，救援人员很难了解现场情况：又由于大型的灭火设备无法进入现场，进入的救援人员需要特殊防护等特点，因此救人、灭火难度大。

2. 灭火战术要点

（1）坚持"救人第一"的指导思想，在积极疏散人员的同时，

救人与灭火同步进行。

（2）确定进攻起点。站台起火应以站厅为进攻起点层，列车在运营隧道中起火应以站台为进攻起点，在进攻起点设前沿指挥所，并作为人员、器材集结点。

（3）内攻近战，有效排烟。内攻时可从几个入口分兵攻入，实施梯队掩护，在布置力量时要对配电房等部分实施重点保护，内攻水枪要留有泄压排烟口，以利通风排烟。

3. 灭火措施和行动要求

（1）火情侦察

① 外部观察和询问知情人。迅速了解：出入口、通风口烟雾情况，以及是站厅起火，还是列车运营起火，列车是否停靠在站台上，起火部位与最近的出入口位置及地铁职工自救情况。

② 利用控制中心侦察（控制中心位于站厅一端）：接受火灾报警，发出火灾信号和安全疏散指令情况；自动灭火系统、防排烟系统、通风空调系统工作情况；进一步明确起火部位、火灾范围、火势发展、蔓延的趋势、人员受烟火威胁的程度，并根据救人、灭火需要，指导控制中心值班人员发出有关指令；消防用电使用情况。

③ 深入内部侦察：被困人员数量、所处位置以及疏散抢救路线；起火点的准确位置、燃烧物质的性质；火灾范围、蔓延方向以及进攻路线和堵截阵地。

（2）疏散和抢救人命

① 利用车站、列车广播系统、稳定被困人员情绪，然后在地铁工作人员和消防人员组织引导下有秩序地疏散，防止因惊慌、拥挤造成伤亡事故。

② 疏散应选择最近、最便捷的路线，尽快将人员疏散至地面，在运行隧道内应朝距离近、危险性小的方向疏散，可利用上、下行线间应急旁通疏散。

③ 实施接力疏散救人，减少一线人员的体力消耗，一般方法是地铁隧道至站台、站台至站厅、站厅至地面。

（3）内攻灭火

① 消防队到场后首先要利用站内墙壁消火栓快速出水灭火，在控制火势的同时，掩护疏散工作进行。

② 内攻人员要形成梯队，交替掩护前进。

③ 火势蔓延扩大，火场用水量超过消防管网供水能力时，应选择最近的入口向内铺设水带，以满足火场所所需的水量水压。

（4）优先使用地铁内固定给水系统供水

① 启动消防泵向消防管网供水。

② 利用水泵接合器向消防管网增压或补充水量。

（5）有效通风、排烟

① 区间隧道内发生火灾，应向事故点迎着疏散人员送风，背向疏散方向排烟，以利疏散。

② 车站发生火灾，应启动站内风机排烟，两侧隧道内的风机向事故站送风，列车停运，防止烟雾向站内或隧道内扩散。

（6）火场照明

① 启用地铁内应急照明。

② 使用移动照明灯深入内部照明。

（7）做好火场通信

① 利用地铁内部的通信设备联络。

② 在每层设立通信站，作接力通信，或设置有线通信。

③ 因地制宜，使用简单的灯语、旗语、绳语、人力等通信手段。

第六节 特殊情况火灾扑救

一、易燃建筑区火灾扑救

1. 易燃建筑区火灾的特点

① 易于起火，燃烧迅猛。

② 火势蔓延快，燃烧面积大。这类房屋燃烧时，温度高，发展速

度快，如果不及时控制火势，消灭火灾，就很容易形成大面积火灾。

③ 风助火势发展，火因风向变化。

④ 容易出现飞火，引起新的起火点。易燃建筑区的火灾，常常是由一个起火点，借助于风力飘落大量的飞火，引燃易燃建筑的屋顶，形成新的起火点，出现第二个或第三个燃烧区。

2. 正确运用战术

扑救易燃建筑区火灾，要大胆实施下风堵截，两侧夹击，重点设防，分割灭火的战术。

① 扑救初起火灾时，应集中优势兵力于攻击点上，快速实施四面包围的战斗部署，围攻火点，猛打猛冲，速战速决。

② 扑救正在迅速发展的火灾时，作战主攻方向应是下风和侧风地带，要运用下风堵截，两侧夹击，辅以上风预防的战法。向燃烧房屋组织进攻时，要在保证不间断供水的情况下，采用大口径水枪喷射出强大水流，压制外露火焰，降低燃烧强度，阻止火势蔓延。

二、缺水情况下火灾的扑救

1. 充分利用现场附近的水源

① 对缺水地区仅有的消防供水系统，要加强平时的维护和保养，发现影响用水的问题要及时求得解决，保证灭火时好用。

② 在灭火时，如果消火栓的水压不高，水量不足，要及时通知有关部门加大水压，必要时要求停止周围生产或生活用水，以保证火场灭火用水。

③ 可利用火场附近单位的消防用水和居民中贮备的生活用水，或用城市下水道污水，浴池里的温水，工业企业的生产废水作水源，扑救火灾。

④ 如果水源距离地面较深，或泵浦车靠不近水源时，可利用排吸器吸水，再通过泵浦将水送往火场。

2. 采取有效方法，组织好火场供水

① 使用消防泵浦车、消防手抬泵、消防艇直接从水源中吸水

并送往火场。

② 如果水源距离火场比较远，可采用水罐泵浦车接力供水的方法，保证火场用水。

③ 及时调派水罐消防车增援，以及会同有关部门调用火车机车、洒水车以及其他能够运用的车辆，从远距离的水源处向火场运送。

④ 根据火场周围水源的情况，可积极组织群众，利用脸盆、水桶等简便盛水容器：向火场传递供水。

3. 合理地用水灭火

在缺水地区扑救火灾时，要节约用水，合理用水，尽可能做到使水枪射出的水充分发挥其灭火作用。

① 要集中水量，把水用在火场上的主要方面，保证主要阵地上水枪的用水。

② 根据火场上火势变化情况，尽量使用小口径开关水枪，节省用水。

③ 铺设水带时，要在水枪阵地上多留机动水带，便于水枪手的进攻或转移，以免在延伸水带时浪费过多的水量。

三、严寒气候下火灾的扑救

1. 严寒的气候对灭火战斗行动的影响

① 冬季气温较低，消防人员穿的服装较厚；影响灭火人员战斗行动的速度和操纵技术装备的灵活性。

② 大雪会阻塞交通道路，路面上积雪结冰，影响行车速度，消防车辆、人员不能迅速到达火场，延长灭火时间。

③ 消防水源（如消火栓、地下贮水池、天然水源等）以及在火场上使用的泵浦、水带、分水器、泡沫液、泡沫产生器等器材容易冻结，影响火场供水、灭火。

④ 在消防梯、房盖或其他设备、结构上，滴水结冰，影响扑救工作和灭火人员的安全。

⑤ 有些单位为了防寒保温，将建筑物的门窗或孔洞关闭起来，从而减少通向起火房间、部位的出入口，阻碍灭火进攻。

2. 灭火措施

为了克服各种困难，顺利地扑灭严寒气候下的火灾，应该采取如下措施。

① 在冬季到来之前，要根据历年来的火灾情况和冬季扑救火灾的经验，拟订工作计划，采取有效的措施，加强冬季的灭火备战工作。

② 在冬季到来之前对所有的消防水源应加强检查、维修，并采取有效的防寒措施。在下雪以后，应该及时地发动群众清扫通往水源的道路及水源周围的积雪。

③ 如果扑救火灾时间较长，指挥员应组织战斗员交替轮换，并及时供应热水和饮食。必要时将皮肤抹上防冻药膏，防止冻伤。

④ 在高空或房盖上扑救火灾时，应采取防滑措施，以保证战斗员行动的安全。

⑤ 向火场供水时，干线水带应尽量使用大口径不漏水、不渗水的水带。在气候特别寒冷时，为了保证火场不间断供水，要在火场的主要方面铺设备用水带；也可用雪覆盖水带，防止水带内冻结。

⑥ 水带线路上的分水器应尽量安设在建筑物里边，并应经常检查阀门是否好用，有无冻结现象，不要长时间地关闭水枪和分水器，避免因水流停止而使水带线路内部的水冻结。

⑦ 消防车、泵应经常地发动，泵浦可罩上防寒套，车辆回水系统或水管也应采取防寒措施，以防冻结。

四、在有毒性气体情况下火灾的扑救

在火场上遇到有毒气体（蒸气）存在时，对灭火战斗是十分不利的。因为毒气直接威胁着人们的生命安全。在这种火场上扑救火灾，应该特别注意防毒问题，采取有效的措施，保证参战人员的人身安全。

1. 有毒气体的产生

在火灾情况下可能遇到下列有毒的气体（蒸气）。

① 可燃物质由于不完全燃烧而产生的一氧化碳。

② 在火场范围内的含毒物质，虽然没有燃烧，但由于受到热的作用而放出有毒的气体或蒸气。

③ 各种工业用的气体，如硫化氢、乙炔、丙烯、丁烷、石油气、天然气、煤气、水煤气、乙炔、氨等。

④ 沥青、假漆、油漆、赛璐珞和各种化学物质的燃烧产物。

⑤ 油脂、干性油、植物油的分解产物。

⑥ 醇、醛、醚、苯、汽油、二硫化碳及其他类似液体的蒸气。

⑦ 氮、溴及其他卤化物的蒸气。

⑧ 酸类蒸气。

2. 有毒气体对人体的危害

国家对有毒气体（蒸气）的最高容许浓度的规定，也适用于消防指战员在有毒气体（蒸气）的情况下扑救火灾要求。在空气中含有一氧化碳的火场上扑救火灾不超过 1h 时，一氧化碳的最高容许浓度可到 $50mg/m^3$；扑救火灾不超过 0.5h 时，可到 $100mg/m^3$；扑救火灾不超过 $15\sim20min$ 时，可到 $200mg/m^3$。

有毒气体（蒸气）侵入人体大致有三个途径，即呼吸器官、皮肤和消化器官。有毒气体、挥发性液体和粉末状的有毒物质，在火灾情况下跑漏扩散于空气中，最容易经过呼吸器官而侵入人体内部，使人中毒。因为有毒物质进入人的肺部，被肺泡表面所吸收，并迅速地进入血管，随着血液的循环分散到人体的各个部位，引起全身性中毒。

3. 有毒气体火灾的扑救

扑救有毒性气体的火灾，火场情况是复杂的，灭火指挥员必须根据火场上的客观情况，大胆而又谨慎地采取各种有效措施，既要保障指战员的人身安全，又要迅速排除险情，扑灭火灾。

（1）查明毒害，加强防护　扑救有毒性气体（蒸气）火灾时，首先要查明火场上毒性气体（蒸气）的性质、数量、扩散范围和来源。在查明火场毒性气体的基础上，根据毒气（蒸气）的性质，在空气中毒气的浓度，以及需在有毒气体环境中扑救时间的长短，佩戴防毒面具和防护用具，采取防毒措施，以便进入现场进行救人、

抢险和灭火。

（2）关堵驱排，断绝毒源 扑救有毒气体、蒸气火灾时，对于正在跑漏的有毒性气体，采取堵塞气体管线，关闭设备阀门，修补容器等方法，切断毒气来源。对于已跑漏到厂房、车间内的毒性气体，采取打开门窗，破拆结构或利用通风设备，排除有毒气体；对于易溶于水的毒气，可采用喷雾水流，驱散有毒气体。

（3）针对毒性，选用灭火剂 扑救有毒物质火灾时，要根据有毒物质的性质，采用相应的灭火方法和选用好灭火剂，扑灭火灾。防止因误用灭火剂或扑救方法不当而产生有毒气体。

（4）调集专勤力量，多方配合 扑救有毒气体火灾，除应调集基本的灭火力量外，还应调集抢险、救护等各种专业力量，多方配合，组成精干的队伍，协同作战，共同完成排险、灭火任务。

（5）清洗装具，消除余毒 在扑灭火灾以后，对于被毒气沾染的战斗人员装具和器材装备，必须进行彻底的清洗，消除余毒，保障安全。

五、人员密集场所火灾的扑救

1. 人员密集场所的火灾成因

（1）违章装饰装修，采用大量的可燃或易燃材料进行装修 《建筑内部装修设计防火规范》明确规定了建筑物顶棚、墙面等部位，以及窗帘、帷幕等装饰织物必须满足的燃烧性能等级要求。然而，有的装饰工程设计、施工单位任意降低防火标准，人为造成很多火灾隐患。一旦发生火灾，被困人员不容易逃脱，易造成群死群伤。

（2）消防安全管理制度不健全，消防安全管理不到位 人员密集场所用火用电、防火检查、控制室值班、员工培训、消防设施维修保养、火灾隐患整改、灭火和应急疏散演练以及消防安全操作规程等必须建立消防安全管理制度。

（3）消防器材和安全疏散设施不符合规范要求，设置位置不够合理 完善的消防设施是消防部队展开灭火救援的前提，没有充足的水源和方便的消防设施，势必会增加灭火救援的难度。

（4）公众消防安全意识淡薄，缺乏必要的自救和逃生知识　无论是防火、报警、初期火灾扑救还是火场逃生方面都缺乏必要的常识，一旦发生火灾极易造成群死群伤事故。

2. 灭火措施

（1）要在平时加强对有关单位的熟悉，并制定有效的灭火作战预案，重点培养人员密集场所的自救逃生训练和日常准备工作，要确保人员密集场所发生火灾的报警及时。单位内部一旦确认有火灾发生，首先要及时采取防烟措施，启用空调、机械排烟设备、打开门窗，排烟排热等设备，减少高烟热对遇险人员的威胁，及时组织疏散火场中的被困人员。

（2）出动时候要带齐全部的救生装备，并及时的调动增援力量，成立灭火指挥部，保障战斗的及时、顺利进行。

（3）侦察火情，坚持"救人第一"的指导思想，正确处理救人与灭火的关系。

（4）搞好通风排烟，为疏散救人创造条件　主要的排烟方法有：利用固定设施排烟、自然排烟、人工排烟、排烟机排烟。

（5）做好安全防护　参战官兵，尤其是实施内攻的消防战斗人员，要佩戴好空气呼吸器、强光电筒、安全绳等，以2～3人为一个战斗小组，相互配合实施战斗。

第七节　常见事故抢险救援

一、自然灾害事故

1. 地震灾害事故抢险救援

（1）主要特点

① 继发性突出　地震灾害不仅直接造成建筑物倒塌、设施毁坏和人员伤亡，而且还会引发一系列次生灾害和衍生灾害，甚至小

震造成大灾。如火灾、水灾、毒剂泄漏、细菌污染以及滑坡、泥石流、海啸等，都有可能发生，从而使灾后雪上加霜。

② 破坏性大

③ 突发性强

④ 社会性复杂

（2）行动对策

① 准确接警、科学出动　以辖区力量为先导、特勤力量为主力，立足打大仗、打硬仗、打恶仗。

② 指挥机关立即到场　其任务：一是及时与地方救灾指挥部取得联系，受领救灾任务，并协调有关保障事项。二是积极采取各种手段，了解任务地区的灾情。三是建立现场指挥部，积极服从地震应急指挥系统的指挥调度。

③ 注意沿途、迅速到场　现场指挥部应快速而简明地向救援队明确任务及有关事项，并指挥其迅速展开抢险救援作业行动。

④ 紧急组织、保障到位　坚持上下统一，内外结合，先急后缓，边抢救边保障，边保障边补充，边补充边完善，做到保障及时，措施到位。

⑤ 不断协调救援行动。

2. 台风灾害事故抢险救援

（1）我国台风的主要特点

① 群发特征强　热带气旋是一种灾害性的天气系统，一旦生成并登陆，常伴有狂风、暴雨、巨浪、狂潮，有时还有海啸。

② 活动范围广。

③ 危害程度高。

④ 有一定的规律性。

⑤ 有一定的预警期。影响我国的热带气旋主要有两个相对集中的生成区：一是菲律宾东侧洋面；二是中国南海中北部海面。

（2）处置对策

① 救援力量应一次调集到位，可采取同时多批调派兵力的办

法，分别赶赴灾情较重的灾区。

② 途中如果遇到交通堵塞，应快速清除路障或绕道而行，尽快接近灾害现场。

③ 尽快查明灾害的范围、遇险人员的数量以及可能发生的次生灾害。

④ 仔细搜索遇险人员，调集挖土机、铲车等清除建筑物或构筑物废墟，使用切割、扩张等破拆工具营救被埋压的人员。

⑤ 对危重伤员采取有效措施进行现场急救，并快速后送。

⑥ 控制火灾等次生灾害的发生，避免国家和人民的生命财产遭受更大的损失。

⑦ 清理灾害现场，做好移交，安全撤离。

3. 洪涝灾害抢险救援

(1) 我国洪涝灾害的特点

① 季节性　我国地处欧亚大陆的东南部，地势西高东低，呈三级阶梯状，南北则跨热带、亚热带和温带三个气候带。最基本、最突出的气候特征是大陆性季风气候，因此，降雨量有明显的季节性变化。

② 类似性　近70年中，全国发生了多次特大洪水，在历史上都可以找到与其成因和分布极为相似的特大洪水。

③ 破坏性　我国主要江河全年径流总量中的2/3都是洪水径流，降雨和河川径流的年内分配也很不均匀。

④ 区域性　我国洪水灾害以暴雨成因为主，暴雨主要产生于青藏高原和东部平原之间的第二阶段地带。

⑤ 普遍性。

⑥ 可防御性。

(2) 行动要点

① 固堤排险　在洪水尚未泛滥成灾时，主要任务就是固堤排险，尽最大力量保护堤坝，以削弱洪灾烈度。其主要工作有四项。

a. 加固加高。在堤坝可能出现溃口或存有明显隐患的地段，采取打排桩、加沙包、加土袋和加石料等压载措施，巩固堤脚，稳

消防员读本

住堤坡。

b. 堵截溃口。当堤坝发生溃口险情，应根据溃口情况，迅速集结力量，全力填堵，确保下游地区安全。若溃口宽度较大，但漫顶水流较缓时，可从溃口的两头同时开始向溃口处投填土袋、沙包、石料等进行填堵。若溃口水流较急，在溃口处投放填堵物易被冲走时，可在溃口的迎水面稍前侧投填土袋、沙包、石料以及钢筋水泥墩等。

c. 填堵管涌。排除险情的主要方法是在漏水处设滤水围井。其要领是：在管涌口砂环的外围，用土袋围一个略超过水面的围井，然后用滤料按粗砂、砾石、碎石、块石的顺序分层铺压；围井内的涌水，在上部用导水管引出；如管涌处水势太猛，可先以碎石或小块石铺压以消杀水势，然后再按填堵管涌方法填筑，直至涌出的浑水变成清水为止。

d. 堵塞漏洞。在汛期高水位时，堤（坝）坡或堤（坝）脚往往出现漏水洞眼口。凡水面发现旋涡的地方，通常为漏洞进口处。处理时，首先要摸清漏洞的位置和大小，再确定具体的处理方法。若漏口较小，用大于漏口的铁锅扣住或用稻草堵塞洞口，并在上面覆以土袋压堵；若洞口较大或较多时，则用棉絮顺坡铺盖，再在上面铺压土袋。

② 解救灾民　应根据灾情的急缓程度灵活组织实施，力争在洪水泛滥成灾之前，将大部分群众转移至预定安置点。若洪水已泛滥成灾，则应全力解救遭洪水袭击的群众，基本原则是先救集团目标，后救漂散人员。

③ 抢运物资　若时间、条件许可，且部队兵力较充足时，在集中主要力量解救灾区群众的同时，以一部分力量抢救灾区的国家和人民群众的物资财产。

二、化学泄漏事故

1. 化学泄漏事故的特点

（1）事故发生突然、扩散迅速　事故一旦发生，可能引起连锁灾变，污染范围迅速扩大，造成大量人员伤亡。

（2）污染范围影响因素多、难以确定。

（3）对抢险人员构成危害严重、防护困难。

（4）处理技术难度大、专业性强。

2. 处置技术

目的是为了制止泄漏和驱散危险区的气体，以防止其达到爆炸极限或大范围中毒，泄漏处置的方法有稀释驱散气体、燃烧和堵漏。

（1）喷雾稀释

① 对溶于水或稀碱液的气体可利用水或 Na_2CO_3 溶液喷雾稀释。

② 对不溶于水的气体可用喷雾水枪驱散、稀释，如果有蒸汽管线，用水蒸气驱散不溶气体效果更佳。

③ 对罐体上方气体，可用直流水枪托起。

（2）引流燃烧

① 有火炬点燃系统的可通过火炬点燃。

② 没有火炬系统的可以通过临时管线，引流到安全地点点燃。

③ 对于罐体燃烧或爆炸后的稳定燃烧，应由水枪进行控制，使燃烧控制在一定范围内，火突然熄灭后应继续点燃。

（3）堵漏处置

① 工艺方法　采取工艺堵漏是最简单也是最有效的方法，一是关闭上游阀门：如果泄漏部位上游有可以关闭的阀门，应首先关闭该阀门，泄漏自然会消除；二是关闭进料阀门：反应容器、换热容器发生泄漏，应考虑关闭进料阀；三是工艺倒罐：对发生泄漏的储存容器、罐车可以利用倒罐技术，用烃泵或自流的方法将物料输送到其他容器或罐车，倒罐不能使用压缩机。

② 带压堵漏　设备焊缝气孔、沙眼等较小孔洞引起的泄漏，管线断裂等可用楔塞堵漏，小型低压容器、管线破裂可用捆扎法堵漏。管道破裂、阀门填料老化、法兰面泄漏等用注胶堵漏方法最理想。

三、桥梁倒塌事故救援

1. 桥梁倒塌事故的特点

① 整体垮塌，造成行人、车辆落入水中，阻塞河道。

② 桥梁整体或部分缓慢垮塌，一般不会造成人员车辆受损。

③ 受外力冲撞造成桥梁部分垮塌，损失不定。

④ 公路铁路合用桥以及公路铁路立交桥垮塌，损失巨大。

2. 桥梁倒塌事故的搜救方法

① 启动抢险救援联动机制　启动应急救援方案，成立以党委、政府领导为总指挥，公安、消防、驻军、交通、水电、化工、卫生、环保、民政、邮电、运输、气象、宣传等有关部门的领导以及有关专家为成员的灾害事故抢险救援指挥部。

② 采用"以桥为线，实物为先，纵横延伸，下潜搜索"的战术方法，把现场划分为几个区域，调集船只实施水陆同时展开进行。

③ 做好分工，全面展开，搜寻救援，同时进行。

④ 广泛使用现有的先进器材装备，充分发挥其应有的作用，最大限度地提高作业效率。

⑤ 对水下的遇险人员要快速抢救，争取时间，要尽快调集潜水、打捞人员联合作业，探测确定准具体位置后，立即投入救援。

四、核生化事故救援

1. 核生化事故事故的特点

① 危害性大　人体组织吸收辐射后，除了与组织烧伤有关的并发症外，白细胞的破坏会使受到辐射的人失去免疫力；辐射会对遗传密码造成影响，突变的生殖细胞有可能把畸形染色体遗传给后代。

② 隐蔽性强　放射性伤害后果可能在受照几小时、几天、几星期，甚至几年后表现出来，所以它的破坏作用具有很强的隐蔽性。

③ 社会影响大　核辐射事故严重影响人们的心理和身体健康，破坏正常的生产和生活秩序，造成社会混乱。

④ 事故处置的专业性强，复杂多变。

2. 行动要求

① 所有参战人员必须落实好个人防护措施，携带辐射报警测量仪、剂量笔；用屏蔽材料遮挡身体；缩短在辐射区域停留的时间等。

② 一切救援人员要服从命令，听从指挥，严格按照预案或规定的行动路线和方法实施救援；进入辐射区域必须有工程技术人员带领，并做好登记。

③ 救援人员进入控制室可向值班人员或工程技术人员了解情况，但不得擅自操作任何设备。

④ 夜间要加强照明，特别在核科研单位，使参战人员看清警戒标牌。

⑤ 救援任务完成后，所有参加救援的人员和装备必须进行彻底洗消，方能收操归队。

3. 处置措施

① 现场询情　到场后，要详细询问遇险人员的数量及状况；核物质的储量、泄漏量、泄漏时间；周边单位、居民情况；技术处置措施等。

② 侦察检测　使用检测仪器测定泄漏物的位置、性质、剂量、辐射范围；确认应急措施执行情况；测定现场及周围区域的风力和风向；搜寻遇险和被困人员，并迅速组织营救和疏散。

③ 设立警戒　根据询情和侦检情况，确定警戒范围，设置警戒标志，布置警戒人员，严控人员出入，并在整个处置过程中，实施动态检测。

④ 有效防护　进入现场或警戒区内的消防人员必须佩戴隔绝式呼吸器或其他各种防护器具，穿着全封闭式防核防化服。

⑤ 疏散救人　疏散救人是控制事态发展、减少人员伤亡的关键。因此，应利用现场的通信、广播系统，迅速疏散周围无关人员

至安全区域；对救出的人员应由专人看管，接受检查、救治和洗消。

⑥ 排除险情　放射源位置确定后，制定控泄漏源方案，并严格按方案实施。

⑦ 彻底清理　核泄漏控制后，现场清理工作主要由事故单位牵头组织工程技术人员实施。

[1] 陈振华. 最新公安消防队伍灭火救援系统培训与典型案例剖析实务全
     书. 北京：中国科普电子出版社，2005.
[2] 杜文锋. 消防燃烧学. 北京：中国人民公安大学出版社，1997.
[3] 李建华. 灭火战术. 北京：群众出版社，2004.
[4] 伍和员. 灭火战术与训练改革. 上海：上海科学技术出版社，1999.
[5] 北京市公安消防总队编. 消防救助基础教程. 北京：中国人民公安大学
     出版社，2003.
[6] 张东普，董定龙. 生产现场伤害与急救. 北京：化学工业出版社，2005.
[7] 北京急救中心编. 现场急救课程. 北京：解放军出版社，2005.
[8] 李进兴. 消防技术装备. 北京：中国人民公安大学出版社，2006.
[9] 张学魁. 建筑灭火设施. 北京：中国人民公安大学出版社，2004.
[10] 公安部消防局. 全国公安民警"三个必训"统编教材——士官基础训
     练手册，2008.（内部材料）
[11] 公安部消防局. 全国公安民警"三个必训"统编教材——义务兵消防
     业务基础训练手册，2008.（内部材料）
[12] 公安部消防局. 全国公安民警"三个必训"统编教材——灭火救援教
     程，2008.（内部材料）
[13] 中国石油化工总公司安全监督局编. 消防员必读. 第2版. 北京：中国
     石化出版社，2005.
[14] 北京消防教育训练中心编. 单位消防管理. 北京：中国人民公安大学出
     版社，2004.
[15] 徐燕. 企事业单位消防安全实用手册（上）. 北京：中国环境科学出版
     社，1997.
[16] 公安部消防局编. 特勤业务训练. 上海：文汇出版社，2001.
[17] 公交部消防局编. 特勤大队中队训练. 昆明：云南人民出版
     社，2011.2.
[18] 陈晓松. 刘建华. 现场急救学. 北京：人民卫生出版社，2009.
[19] 邹晓平等. 现场急救. 苏州：苏州大学出版社，2009.